K. Deepa
S. Ganesh
S. Kannadhasan

Transformação digital na arquitetura e desafios da computação em nuvem

K. Deepa
S. Ganesh
S. Kannadhasan

Transformação digital na arquitetura e desafios da computação em nuvem

Aprendizagem e aplicação

ScienciaScripts

Imprint

Any brand names and product names mentioned in this book are subject to trademark, brand or patent protection and are trademarks or registered trademarks of their respective holders. The use of brand names, product names, common names, trade names, product descriptions etc. even without a particular marking in this work is in no way to be construed to mean that such names may be regarded as unrestricted in respect of trademark and brand protection legislation and could thus be used by anyone.

Cover image: www.ingimage.com

This book is a translation from the original published under ISBN 978-620-7-65025-5.

Publisher:
Sciencia Scripts
is a trademark of
Dodo Books Indian Ocean Ltd. and OmniScriptum S.R.L publishing group

120 High Road, East Finchley, London, N2 9ED, United Kingdom
Str. Armeneasca 28/1, office 1, Chisinau MD-2012, Republic of Moldova, Europe
Printed at: see last page
ISBN: 978-620-8-16823-0

Conteúdo

SOBRE O LIVRO

A computação em nuvem refere-se à capacidade da nuvem para fornecer serviços informáticos, incluindo redes, servidores, armazenamento, bases de dados, análises e inteligência, entre outros. A computação em nuvem é uma alternativa aos centros de dados locais. Com um centro de dados no local, somos responsáveis por tratar de todos os aspectos do seu funcionamento, incluindo a aquisição e instalação de hardware, virtualização, SO e outras instalações de programas, configuração de rede, configuração da firewall e configuração do armazenamento de dados. Depois de concluída toda a configuração, estamos agora encarregues de a manter durante toda a sua existência. No entanto, se optarmos pela computação em nuvem, o fornecedor da nuvem encarrega-se da compra e da manutenção do hardware. As pilhas MEAN, JAM, Java Spring MVC e Ruby on Rails são pilhas de tecnologias de linguagem populares. Os clientes da PaaS podem submeter sem esforço um artefacto de código de aplicação, que a infraestrutura da PaaS implementa imediatamente. Os utilizadores podem subscrever o software de um fornecedor e aceder-lhe na nuvem através de SaaS, ou software como um serviço. Este tipo de computação em nuvem não exige que os utilizadores descarreguem ou instalem aplicações nos seus dispositivos locais. Em vez disso, as aplicações residem numa rede de nuvem remota, instantaneamente acessível através de uma API ou da Internet. A computação em nuvem fornece acesso instantâneo a recursos de computação de ponta, escalabilidade para satisfazer a procura, actualizações frequentes e manutenção sem a necessidade de comprar e manter uma infraestrutura no local. Uma vez que podem comprar e aumentar rapidamente os serviços sem terem de realizar o trabalho significativo necessário para gerir uma infraestrutura convencional no local, as equipas que utilizam a computação em nuvem tornam-se mais produtivas e reduzem o tempo de colocação no mercado.

Prof.K.DEEPA
Prof.S.GANESH
Prof. Dr. S. KANNADHASAN
STUDY WORLD COLLEGE OF ENGINEERING
COIMBATORE, TAMILNADU, INDIA-625105

CAPÍTULO I

INTRODUÇÃO

Introdução à computação em nuvem - Definição de nuvem - Evolução da computação em nuvem - Princípios subjacentes à computação paralela e distribuída - Caraterísticas da nuvem - Elasticidade na nuvem - Aprovisionamento a pedido.

1.1 Introdução à computação em nuvem

*   Nas últimas três décadas, as empresas que utilizam recursos informáticos aprenderam a enfrentar uma vasta gama de palavras-chave como computação em grelha, computação utilitária, computação autónoma, computação a pedido, etc.

*   Uma nova palavra de ordem chamada computação em nuvem está atualmente na moda e está a gerar todo o tipo de confusão sobre o seu verdadeiro significado.

*   Na história, o termo nuvem tem sido utilizado como metáfora para a Internet.

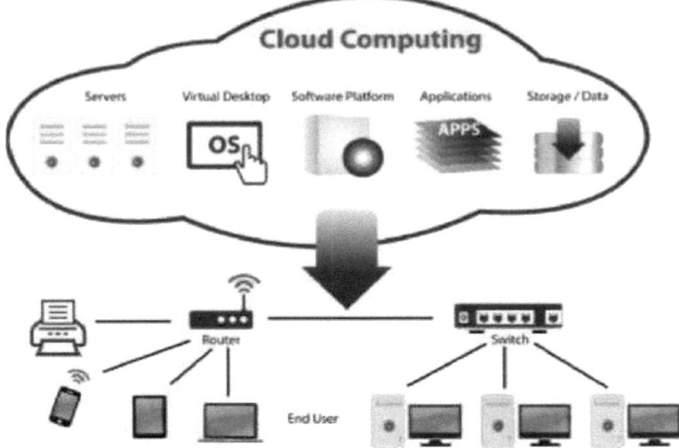

Fig 1.1 Ilustração do diagrama de rede

*   Esta utilização do termo derivou originalmente da sua ilustração comum em diagramas de rede como um contorno de uma nuvem e da representação simbólica utilizada para representar o transporte de dados através da rede para um ponto final no outro lado da rede.

*   Os conceitos de computação em nuvem foram iniciados em 1961, quando o Professor John McCarthy sugeriu que a tecnologia de partilha de tempo dos computadores poderia conduzir a um futuro em que a capacidade de computação e as aplicações específicas poderiam ser vendidas através de um modelo de negócio do tipo utilitário.

*   Esta ideia tornou-se muito popular no final dos anos 60, mas em meados dos anos 70 desapareceu quando se tornou claro que as indústrias de TI da altura não eram capazes de sustentar um modelo de computação tão inovador.

*   No entanto, desde o virar do milénio, o conceito foi recuperado. A computação utilitária é o fornecimento de recursos computacionais e de recursos de armazenamento como um serviço medido, semelhante ao fornecido por uma empresa tradicional de serviços públicos.

*   Não se trata de uma ideia nova. No entanto, esta forma de computação está a crescer em popularidade, uma vez que as empresas começaram a alargar o modelo a um paradigma de

computação em nuvem, fornecendo servidores virtuais a que os departamentos de TI e os utilizadores podem aceder a pedido.

• No início, as empresas utilizavam o modelo de computação utilitária principalmente para requisitos não críticos para a missão, mas isso está a mudar rapidamente à medida que os problemas de confiança e fiabilidade são resolvidos.

• Os analistas de investigação e os fornecedores de tecnologia tendem a definir a computação em nuvem de forma muito próxima, como um novo tipo de computação utilitária que utiliza basicamente servidores virtuais que foram disponibilizados a terceiros através da Internet.

• Outros pretendem descrever o termo computação em nuvem utilizando uma aplicação muito ampla e abrangente da plataforma de computação virtual. Confrontam-se com o facto de que tudo o que ultrapassa o limite da firewall da rede está na nuvem.

• Uma visão mais branda da computação em nuvem considera-a como o fornecimento de recursos computacionais a partir de um local diferente daquele em que os utilizadores finais estão a computar.

• A nuvem não vê fronteiras e, por isso, tornou o mundo um lugar muito mais pequeno.
À semelhança desta, a Internet também tem um âmbito global, mas respeita apenas as vias de comunicação estabelecidas.

• Pessoas de todo o mundo têm agora acesso a outras pessoas de qualquer outro lugar.

• A globalização dos activos informáticos pode ser o principal contributo da nuvem até à data. Por este motivo, a nuvem é objeto de muitas questões geopolíticas complexas.

• A computação em nuvem é vista como um recurso disponível como um serviço para centros de dados virtuais. A computação em nuvem e os centros de dados virtuais são diferentes. Por exemplo, o S3 da Amazon é um serviço de armazenamento simples.

• Trata-se de um serviço de armazenamento de dados concebido para ser utilizado na Internet. Foi concebido para facilitar aos programadores a computação escalável na Web.

• Outro exemplo é o Google Apps. Este fornece acesso online, através de um navegador Web, às aplicações de escritório e empresariais mais comuns utilizadas atualmente. O servidor Google armazena todo o software e os dados do utilizador.

• Os fornecedores de serviços geridos (MSP) oferecem uma das formas mais antigas de computação em nuvem.

• Um serviço gerido é uma aplicação acessível à infraestrutura de TI de uma organização e não aos utilizadores finais, que inclui a verificação de vírus para o correio eletrónico, serviços anti-spam como o Posting, serviços de gestão de ambientes de trabalho oferecidos pelo Center Beam ou Ever dream e monitorização do desempenho das aplicações.

• A computação em grelha é frequentemente confundida com a computação em nuvem. A computação em grelha é uma forma de modelo de computação distribuída que implementa um supercomputador virtual constituído por um conjunto de computadores ligados em rede ou na Internet, envolvidos na realização de tarefas de grande dimensão.

• A maior parte das implementações de computação em nuvem no mercado atual são alimentadas por implementações de computação em rede e são facturadas como serviços de utilidade pública, mas o paradigma da computação em nuvem evoluiu e afastou-se do modelo de utilidade da rede.

• A maior parte da infraestrutura de computação em nuvem consiste em serviços altamente fiáveis, construídos em servidores com vários níveis de tecnologias virtualizadas, que são fornecidos através de centros de dados de grande escala que operam ao abrigo de vários acordos de nível de serviço que exigem 99,9999% de tempo de atividade.

1.2 Definição de nuvem

- A computação em nuvem é um modelo de prestação de serviços de TI em que os recursos são obtidos a partir da Internet através de ferramentas e aplicações baseadas na Web, em vez de uma ligação direta ao servidor.

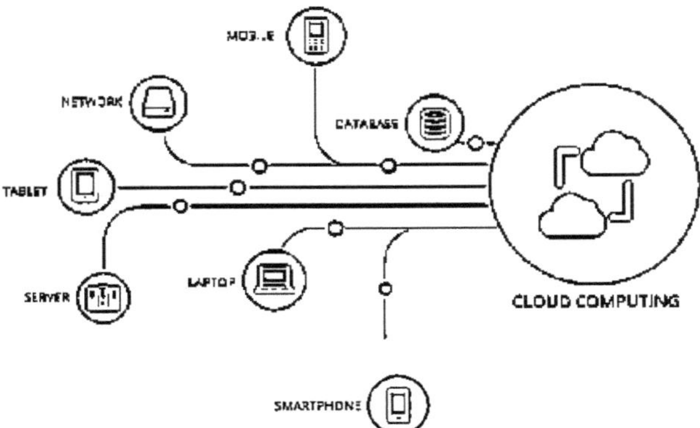

Fig 1.2 Paradigma da computação em nuvem

- Por outras palavras, a computação em nuvem é um modelo de computação distribuída através de uma rede e significa a capacidade de executar um programa em muitos componentes ligados ao mesmo tempo.

- No ambiente de computação em nuvem, as máquinas servidoras reais são substituídas por máquinas virtuais. Essas máquinas virtuais não existem fisicamente e podem, por isso, ser deslocadas e aumentadas ou reduzidas em tempo real sem afetar o utilizador da nuvem, tal como acontece numa nuvem natural.

- Nuvem refere-se a software, plataforma e infraestrutura que são vendidos como um serviço. Os serviços são acedidos remotamente através da Internet. Os utilizadores da nuvem podem simplesmente ligar-se à rede sem instalar nada. Não pagam por hardware e manutenção. Mas os fornecedores de serviços pagam pelo equipamento físico e pela manutenção.

- O conceito de computação em nuvem torna-se muito mais compreensível quando se começa a pensar que os ambientes de TI modernos necessitam sempre de capacidade escalável ou de capacidades adicionais para a sua infraestrutura de forma dinâmica, sem investir dinheiro na compra de novas infra-estruturas, sem necessidade de realizar formação para novos funcionários e sem necessidade de licenciar novo software.

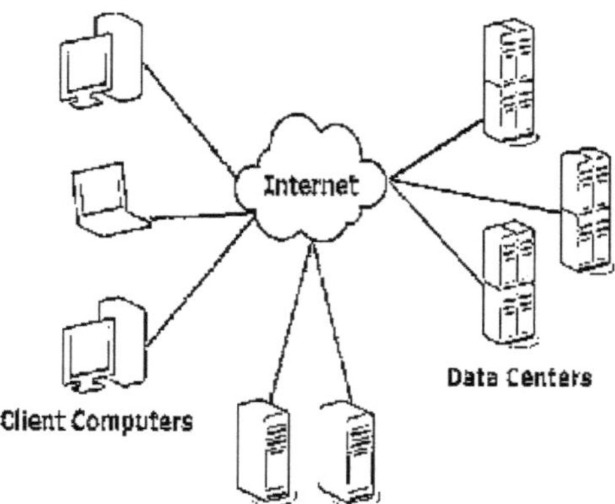

Servidores distribuídos

Fig. 1.3 Componentes da nuvem

- O modelo de nuvem é composto por três componentes.

* **Os clientes** são simples computadores, que podem ser portáteis, tablets ou telemóveis.
* As categorias de clientes são: clientes móveis, clientes finos e clientes espessos.
* Clientes móveis que, em nuvens, são telefones inteligentes e PDAs
* Thick clients, que incluem computadores normais
* Thin clients que incluem servidores sem hardware interno.
* A utilização deste tipo de cliente conduz a um baixo custo de hardware, baixo custo de TI, menor consumo de energia e menos ruído.
* **O centro de dados** é um conjunto de servidores que contém as aplicações solicitadas pelos clientes.

- **Servidor distribuído** em que o servidor está distribuído em diferentes localizações geográficas.

1.3 Evolução da computação em nuvem

* É importante compreender a evolução da computação para compreender como os ambientes baseados em TI entraram no ambiente de nuvem. Analisar a evolução do próprio hardware informático, desde a primeira geração até à quarta geração de computadores, mostra como a indústria das TI passou de lá para cá.
* O hardware é uma parte do processo evolutivo. Com a evolução do hardware, o software também evoluiu. Com a evolução das redes, evoluíram também as regras de comunicação entre computadores. O desenvolvimento de tais regras ou protocolos ajudou a impulsionar a evolução do software da Internet.
* O estabelecimento de um protocolo comum para a Internet conduziu diretamente ao rápido crescimento do número de utilizadores em linha.
* Atualmente, as empresas debatem as utilizações do IPv6 (Protocolo Internet versão 6) para aliviar as preocupações de endereçamento e para melhorar os métodos utilizados para comunicar através da Internet.
* A utilização de navegadores Web levou a uma migração estável do modelo tradicional de centro de dados para um modelo baseado na computação em nuvem. Além disso, o impacto de tecnologias como a virtualização de servidores, o processamento paralelo, o processamento

vetorial, o multiprocessamento simétrico e o processamento maciçamente paralelo alimentaram uma mudança radical na área das TI.

Evolução do hardware

- O primeiro passo no caminho evolutivo dos computadores ocorreu em 1930, quando a primeira aritmética binária foi desenvolvida e se tornou a base da tecnologia de processamento de computadores, da terminologia e das linguagens de programação.

- Os dispositivos de cálculo remontam, pelo menos, a 1642, quando foi inventado um dispositivo que podia adicionar números mecanicamente.

- Os dispositivos de adição evoluíram a partir do ábaco. Esta evolução foi um dos marcos mais significativos na história dos computadores.

- Em 1939, os irmãos Berry inventaram um computador eletrónico capaz de operar aspectos digitais. Os cálculos eram efectuados utilizando a tecnologia de tubos de vácuo.

- Em 1941, a introdução da Z3 no Laboratório Alemão para fins de Aviação, em Berlim, foi um dos acontecimentos mais significativos na evolução dos computadores, uma vez que a máquina Z3 suportava aritmética binária e cálculo de vírgula flutuante.

Computadores de primeira geração

- A primeira geração de computadores modernos remonta a 1943, quando os computadores Mark I e Colossus foram desenvolvidos para objectivos bastante diferentes.

- Com o apoio financeiro da IBM, o Mark I foi projetado e desenvolvido na Universidade de Harvard. Tratava-se de um computador electro-mecânico programável de uso geral.

- O Colossus é um computador eletrónico construído na Grã-Bretanha no final de 1943. O Colossus foi o primeiro dispositivo de computação programável, digital e eletrónico do mundo.

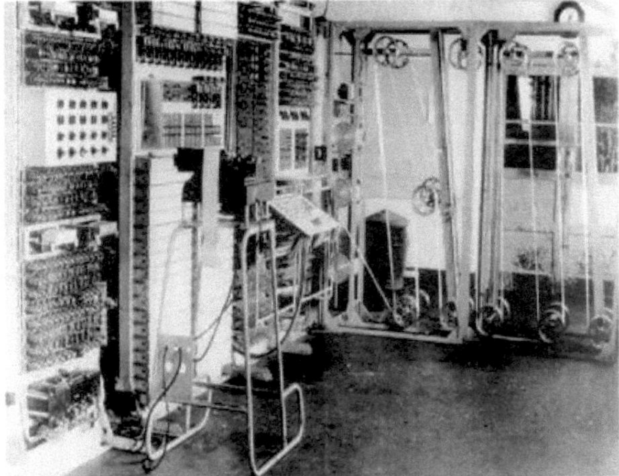

Fig 1.4 O Colossus é um computador eletrónico

- De um modo geral, os computadores da primeira geração foram construídos utilizando circuitos com fios e tubos de vácuo.

- Os dados foram armazenados em cartões perfurados de papel de doseamento.

Computadores de segunda geração

* Outro computador de uso geral desta época foi o ENIAC (Electronic Numerical Integrator and Computer), construído em 1946. Este foi o primeiro computador digital completo de Turing, capaz de ser reprogramado para resolver uma vasta gama de problemas de computação.

* O ENIAC era composto por 18.000 válvulas termiónicas, pesava mais de 60.000 libras e consumia 25 quilowatts de energia eléctrica por hora. O ENIAC era capaz de efetuar um lakh de cálculos por segundo.

Fig1.5 Integrador numérico eletrónico e computador

* Os computadores transistorizados marcaram o início da segunda geração de computadores, que predominou no final da década de 1950 e início da década de 1960. Os computadores eram utilizados principalmente por universidades e agências governamentais.

* O circuito integrado ou microchip foi desenvolvido por Jack St. Claire Kilby, um feito pelo qual recebeu o Prémio Nobel da Física em 2000.

Computadores de terceira geração

* A invenção de Claire Kilby deu início a uma explosão de computadores de terceira geração. Embora o primeiro circuito integrado tenha sido produzido em 1958, os microchips só foram utilizados em computadores programáveis em 1963.

* Em 1971, a Intel lançou o primeiro microprocessador comercial do mundo, denominado Intel 4004.

Fig1.6 Intel4004

* O Intel 4004 foi a primeira CPU completa num só chip e tornou-se o primeiro microprocessador disponível no mercado. Foi possível graças ao desenvolvimento de uma nova tecnologia de porta de silício que permitiu aos engenheiros integrar um número muito maior de transístores num chip que funcionaria a uma velocidade muito mais rápida.

Computadores de quarta geração

• Os computadores de quarta geração que estavam a ser desenvolvidos nesta altura utilizavam um microprocessador que colocava as capacidades de processamento do computador num único chip de circuito integrado.

• Ao combinar a memória de acesso aleatório, desenvolvida pela Intel, os computadores de quarta geração eram mais rápidos do que nunca e tinham dimensões muito mais reduzidas.

• O primeiro computador pessoal disponível no mercado foi o MITS Altair 8800, lançado no final de 1974. Seguiu-se uma vaga de outros computadores pessoais no mercado, como o Apple I e II, o Commodore PET, o VIC-20, o Commodore 64 e, finalmente, o IBM PC original em 1981. A era do PC começou a sério em meados da década de 1980.

• Embora a capacidade de microprocessamento, de memória e de armazenamento de dados tenha aumentado em muitas ordens de grandeza desde a invenção do processador 4004, a tecnologia dos microchips de integração em grande escala (LSI) ou de integração em escala muito grande (VLSI) não mudou muito.

• Por esta razão, a maioria dos computadores actuais ainda se enquadra na categoria de computadores de quarta geração.

Evolução do software da Internet

• O nome da Internet vem da evolução do Protocolo Internet, que é o protocolo de comunicação padrão utilizado por todos os computadores na Internet.

• Vannevar Bush escreveu uma descrição visionária das potenciais utilizações da tecnologia da informação com a sua descrição de um sistema de biblioteca automatizado chamado MEMEX.

Figura 1.7 Sistemas MEMEX

• Bush introduziu o conceito de MEMEX no final da década de 1930 como um dispositivo baseado em microfilme no qual um indivíduo pode armazenar todos os seus livros e registos.

• Wiener foi um dos primeiros pioneiros no estudo dos processos estocásticos e de ruído. O trabalho de Norbert Wiener em processos estocásticos e de ruído foi relevante para a engenharia eletrónica, as comunicações e os sistemas de controlo.

• SAGE refere-se a Semi Automatic Ground Environment (Ambiente Terrestre Semiautomático). O SAGE foi o projeto informático mais ambicioso, tendo sido iniciado em meados dos anos 50 e ficado operacional em 1963. Manteve-se em funcionamento contínuo durante mais de 20 anos, até 1983.

• Foi inventado um minicomputador especificamente para realizar o projeto do Processador de Mensagens de Interface (IMP). Esta abordagem proporcionou uma interface independente do sistema para a ARPANET.

• O IMP trataria da interface com a rede ARPANET. A camada física, a camada de ligação de dados e os protocolos da camada de rede utilizados internamente na ARPANET foram implementados utilizando o IMP.

* Utilizando esta abordagem, cada sítio só teria de escrever uma interface para o PMI comummente utilizado.

* O primeiro protocolo de rede utilizado na ARPANET foi o Programa de Controlo de Rede (NCP). O NCP fornecia as camadas intermédias de uma pilha de protocolos executada num computador anfitrião ligado à ARPANET.

* As camadas de protocolo de nível inferior eram fornecidas pela interface de anfitrião IMP, o NCP fornecia essencialmente uma camada de transporte constituída pelo protocolo ARPANET anfitrião a anfitrião (AHHP) e pelo protocolo de ligação inicial (ICP).

* O AHHP define a forma de transmitir um fluxo de dados unidirecional e de fluxo controlado entre dois anfitriões.

* O ICP especifica como estabelecer um par bidirecional de fluxos de dados entre um par de processos anfitriões ligados.

* Robert Kahn e Vinton Cerf, que se basearam no que foi aprendido com o NCP para desenvolver.

* O TCP/IP tornou-se rapidamente o protocolo de rede mais utilizado no mundo.

* Ao longo do tempo, foram desenvolvidas quatro versões cada vez melhores do TCP/IP (TCP v1, TCP v2, uma divisão em TCP v3 e IP v3, e TCP v4 e IPv4). Atualmente, o IPv4 é o protocolo padrão, mas está em vias de ser substituído pelo IPv6.

* O espantoso crescimento da Internet ao longo da década de 1990 provocou uma maior formação no número de endereços IP gratuitos disponíveis no IPv4. O IPv4 nunca foi concebido para ser escalado a níveis globais.

* Depois de examinar uma série de propostas, a Internet Engineering Task Force (IETF) decidiu-se pelo IPv6, que foi lançado no início de 1995 como RFC 1752. O IPv6 é por vezes designado por Protocolo Internet de Nova Geração (IPNG) ou TCP/IP v6.

Virtualização de servidores

* A virtualização é um método de execução de vários sistemas operativos virtuais dependentes num único computador físico. Esta abordagem maximiza o retorno do investimento para o computador.

* A criação e gestão de máquinas virtuais tem sido frequentemente designada por virtualização de plataformas.

* A virtualização da plataforma é executada num determinado computador (plataforma de hardware) por um software denominado programa de controlo.

* O processamento paralelo é efectuado através da execução simultânea de várias instruções de programas que foram atribuídas a vários processadores com o objetivo de executar um programa em menos tempo.

* Num sistema de multiprogramação, vários programas apresentados pelos utilizadores podem utilizar o processador durante um curto período de tempo, revezando-se e tendo cada um tempo exclusivo com o processador para executar instruções.

* Esta abordagem é designada por programação round robin (programação RR). É um dos algoritmos de programação mais antigos, mais simples, mais justos e mais utilizados, concebido especialmente para sistemas de partilha de tempo.

* O processamento vetorial foi desenvolvido para aumentar o desempenho do processamento, operando de forma multitarefa.

- As operações matriciais foram adicionadas aos computadores para permitir que uma única instrução manipulasse duas matrizes de números efectuando operações aritméticas. Isto era útil em certos tipos de aplicações em que os dados se apresentavam sob a forma de vectores ou matrizes.

- O avanço seguinte foi o desenvolvimento de sistemas de multiprocessamento simétrico (SMP) para resolver o problema da gestão de recursos em modelos master ou slave. Nos sistemas SMP, cada processador tem a mesma capacidade e é responsável pela gestão do fluxo de trabalho à medida que este passa pelo sistema.

- O processamento paralelo massivo (MPP) é utilizado nos círculos da arquitetura informática para designar um sistema informático com muitas unidades aritméticas independentes ou microprocessadores completos, que funcionam em paralelo.

1.4 Princípios da computação paralela e distribuída

- Os dois modelos fundamentais e dominantes de ambiente de computação são o sequencial e o paralelo. A era da computação sequencial teve início na década de 1940. A era da computação paralela e distribuída seguiu-se-lhe no espaço de uma década.

- Os quatro elementos-chave da computação desenvolvidos durante estas eras são as arquitecturas, os compiladores, as aplicações e os ambientes de resolução de problemas.

- Todos os aspectos destes a serão objeto de um processo em três fases.

o Investigação e desenvolvimento (I&D)

o Comercialização

o Comoditização

Computação paralela vs. computação distribuída

- Os termos "computação paralela" e "computação distribuída" são muitas vezes utilizados indistintamente, apesar de terem significados um pouco diferentes.

- O termo paralelo implica um sistema fortemente acoplado, enquanto que o termo distribuído se refere a uma classe mais vasta de sistemas que inclui sistemas fortemente acoplados.

- Mais especificamente, o termo computação paralela refere-se a um modelo em que a computação é dividida entre vários processadores que partilham a mesma memória.

- A arquitetura de um sistema de computação paralela é frequentemente caracterizada pela homogeneidade dos componentes.

- No paradigma da computação paralela, cada processador é do mesmo tipo e tem a mesma capacidade. A memória partilhada tem um único espaço de endereçamento, que é acessível a todos os processadores.

- O processamento de várias tarefas em simultâneo em vários processadores é designado por processamento paralelo.

- O programa paralelo consiste em múltiplos processos ou tarefas activas que resolvem simultaneamente um determinado problema.

- Uma determinada tarefa é dividida em várias subtarefas utilizando uma técnica de divisão e conquista, e cada subtarefa é processada numa Unidade Central de Processamento (CPU) diferente.

- A programação num sistema multiprocessador utilizando a técnica de dividir para conquistar é designada por programação paralela.

- O termo computação distribuída engloba qualquer arquitetura ou sistema que permita que a computação seja dividida em unidades e executada em simultâneo em diferentes elementos de computação, quer se trate de processadores em nós diferentes, de processadores no mesmo computador ou de núcleos no mesmo processador.

- Por conseguinte, a computação distribuída inclui uma gama mais vasta de sistemas e aplicações do que a computação paralela e é frequentemente considerada o termo mais comum.

Elementos de computação paralela

- Os elementos centrais do processamento paralelo são as CPU. Com base no número de fluxos de instruções e de dados que podem ser processados simultaneamente, os sistemas de computação são classificados em quatro categorias propostas por Michael J. Flynn em 1966.
  - o Sistemas de instrução única e de dados únicos (SISD)
  - o Sistemas de instrução única e dados múltiplos (SIMD)
  - o Sistemas de dados únicos de instrução múltipla (MISD)
  - o Sistemas de instrução múltipla, dados múltiplos (MIMD)
- Um sistema de computação SISD é um sistema uniprocessador capaz de executar uma única instrução, que opera num único fluxo de dados.

Fluxo de instrução

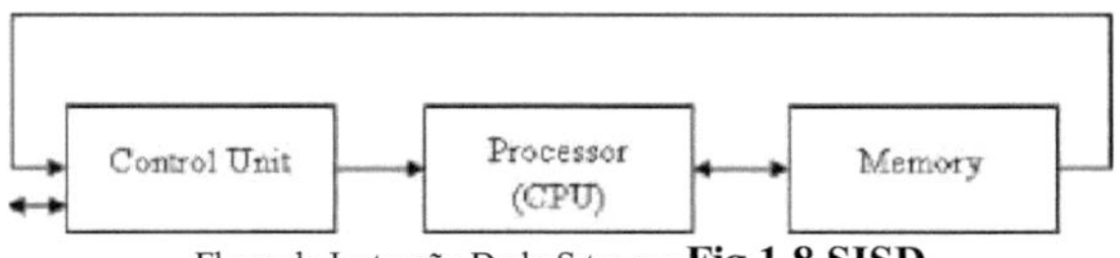

Fluxo de Instrução Dado S tre am **Fig 1.8 SISD**

- Um sistema de computação SIMD é um sistema multiprocessador capaz de executar uma única instrução em todas as CPUs, mas operando em diferentes fluxos de dados.

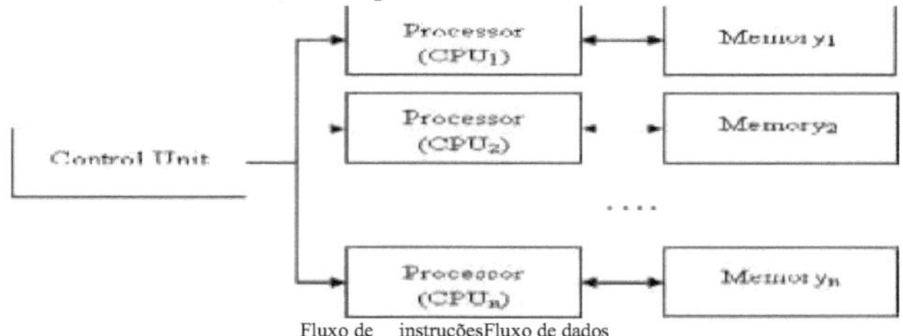

Fluxo de   instruçõesFluxo de dados

Fig 1.9 SIMD

Um sistema de computação MISD é um sistema multiprocessador capaz de executar diferentes instruções em diferentes elementos de processamento, mas todos eles operando nos mesmos fluxos de dados.

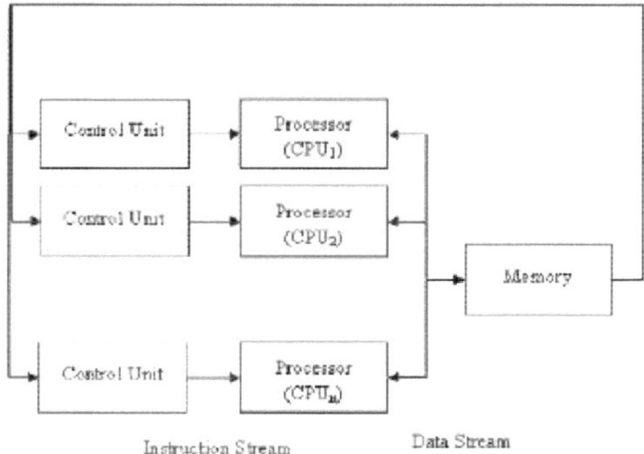

Fig 1.10 MISD

• Um sistema de computação MIMD é um sistema multiprocessador capaz de executar múltiplas instruções em múltiplos fluxos de dados.

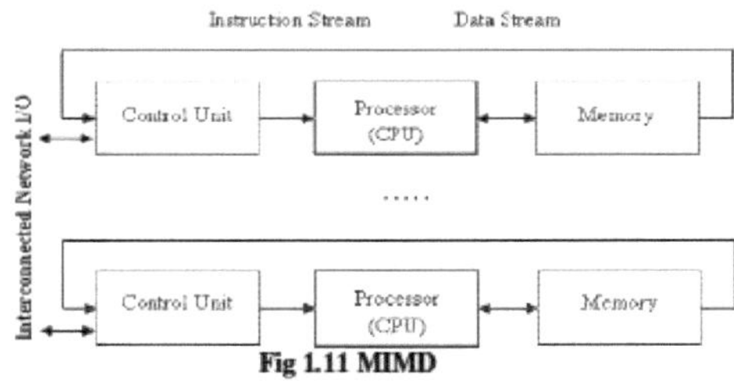

Fig 1.11 MIMD

• Os sistemas MIMD são geralmente classificados em MIMD de memória partilhada e MIMD de memória distribuída, com base na forma como os elementos de processamento são acoplados à memória principal.

• No modelo MIMD de memória partilhada, todos os elementos de processamento estão ligados a uma única memória global e todos têm acesso a ela.

• No modelo MIMD de memória distribuída, todos os elementos de processamento têm uma memória local. Os sistemas baseados neste modelo são também designados por sistemas multiprocessadores fracamente acoplados.

• Em geral, as falhas num MIMD de memória partilhada afectam todo o sistema, o que não acontece no modelo distribuído, em que cada um dos elementos de processamento pode ser facilmente isolado.

• Existe uma grande variedade de abordagens de programação paralela no ambiente informático. Entre elas, as mais proeminentes são as seguintes:

o Paralelismo de dados

o Paralelismo de processos

o Modelo do agricultor e do trabalhador

• No paralelismo de dados, a metodologia "dividir para conquistar" é utilizada para dividir os dados em vários conjuntos e cada conjunto de dados é processado em diferentes elementos de processamento utilizando a mesma instrução.

13

- No paralelismo de processos, uma determinada operação tem várias tarefas distintas que podem ser processadas em vários processadores.
- No modelo de agricultor e trabalhador, é utilizada uma abordagem de distribuição de tarefas em que um processador é configurado como mestre e todos os restantes elementos de processamento são designados como escravos. O mestre atribui tarefas aos elementos de processamento escravos e, após a sua conclusão, estes informam o mestre, que, por sua vez, recolhe os resultados.
- O paralelismo numa aplicação pode ser detectado a vários níveis, tais como grão grande (ou nível de tarefa), grão médio (ou nível de controlo), grão fino (nível de dados), grão muito fino (problema de instruções múltiplas).
- A velocidade de computação nunca aumenta linearmente. É proporcional à raiz quadrada do custo do sistema. Por conseguinte, quanto mais rápido for um sistema, mais caro será aumentar a sua velocidade.

Speed (GHz)
Cost (Rupees)

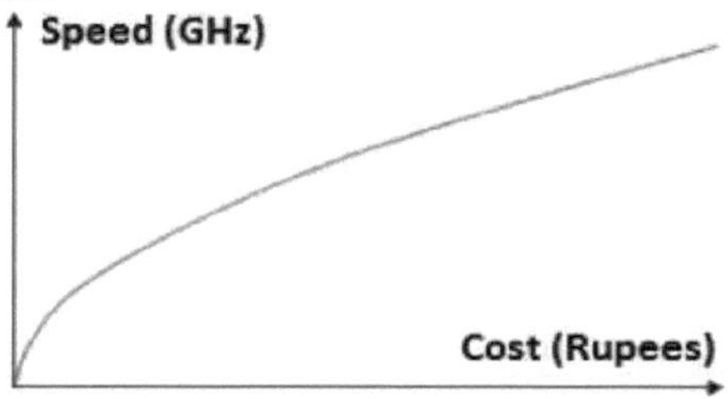

Fig 1.12 Custos versus VelocidadeA velocidade de um computador paralelo aumenta com o logaritmo do número de processadores (i.e., y= k log (N)).

Speed (GHz)
No of processors

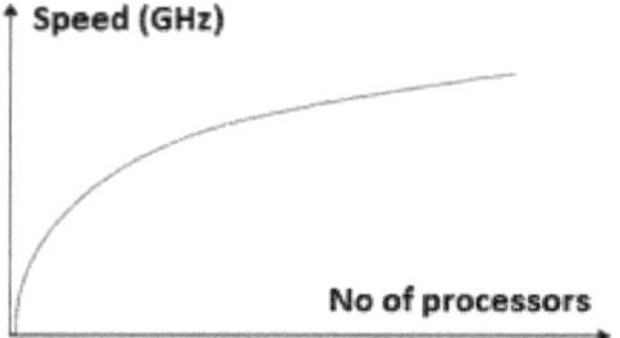

Fig 1.13 Número de processadores versus velocidade

Elementos de computação distribuída

- Um sistema distribuído é um conjunto de computadores independentes que aparece aos seus utilizadores como um sistema único e coerente.
- Um sistema distribuído é o resultado da interação de vários componentes que passam por toda a pilha informática, do hardware ao software.

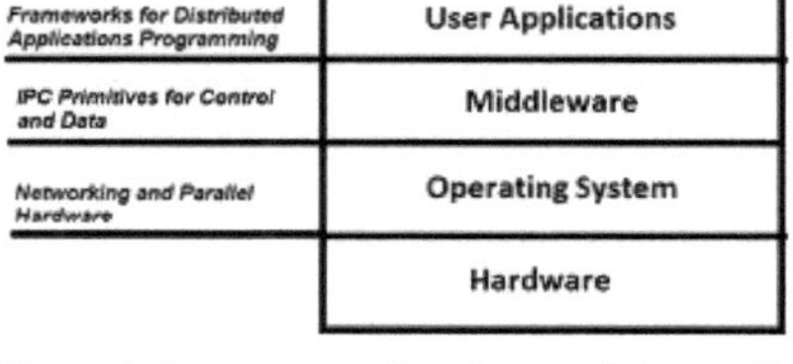

Frameworks for Distributed Applications Programming
IPC Primitives for Control and Data
Networking and Parallel Hardware
User Applications
Middleware
Operating System
Hardware

Fig 1.14 Uma visão em camadas de um sistema distribuído

- Na camada inferior, o computador e o hardware de rede constituem a infraestrutura física.
- Os componentes de hardware são geridos diretamente pelo sistema operativo, que fornece

os serviços básicos de comunicação entre processos (IPC), programação e gestão de processos e gestão de recursos em termos de sistema de ficheiros e dispositivos locais.

- A utilização de normas bem conhecidas ao nível do sistema operativo e, mais ainda, ao nível do hardware e da rede, permite o fácil aproveitamento de componentes heterogéneos e a sua organização num sistema coerente e uniforme.

- A camada de middleware tira partido desses serviços para criar um ambiente uniforme para o desenvolvimento e a implementação de aplicações distribuídas.

- O topo da pilha de sistemas distribuídos é representado pelas aplicações e serviços concebidos e desenvolvidos para utilizar o middleware.

- Na computação distribuída, os estilos arquitectónicos são utilizados principalmente para determinar o vocabulário dos componentes e conectores que são utilizados como instâncias do estilo, juntamente com um conjunto de restrições sobre o modo como podem ser combinados.

- Os estilos arquitectónicos são classificados em duas grandes classes.

- Estilos de arquitetura de software

- Estilos de arquitetura do sistema

- A primeira classe está relacionada com a organização lógica do software.

- A segunda classe inclui todos os estilos que descrevem a organização física dos sistemas de software distribuídos em termos dos seus principais componentes.

- Um componente representa uma unidade de software que encapsula uma função ou uma caraterística do sistema.

- Um conetor é um mecanismo de comunicação que permite a cooperação e a coordenação entre componentes. Ao contrário dos componentes, os conectores não estão encapsulados numa única entidade, mas são implementados de forma distribuída por muitos componentes do sistema.

- Os estilos de arquitetura de software baseiam-se na disposição lógica dos componentes de software.

- De acordo com Garland e Shaw, os estilos arquitectónicos são classificados da seguinte forma: Quadro 1.1

Categoria	Estilos arquitectónicos mais comuns
Centrado nos dados	- Repositório e Blackboard
Fluxo de dados	- Tubo e filtro e Lote sequencial
Máquina virtual	• Sistema baseado em regras • Intérprete
Componentes independentes	• Processos de comunicação • Sistema de eventos
Chamar e devolver	• Sistemas top down • Sistemas orientados para objectos • Sistemas em camadas

Quadro 1.1 Estilos de arquitetura de software

- O estilo arquitetónico positron é o modelo de referência mais relevante nesta categoria. Caracteriza-se por dois componentes principais: a estrutura de dados central, que representa o estado atual do sistema, e uma coleção de componentes independentes, que operam sobre os dados centrais.

- O estilo sequencial em lote é caracterizado por uma sequência ordenada de programas separados que são executados um após o outro.

- O estilo "pipe and filter" é uma variação do estilo anterior para exprimir a atividade de um sistema de software como uma sequência de transformações de dados. Cada componente da cadeia de processamento é designado por filtro e a ligação entre um filtro e o seguinte é representada por um fluxo de dados.
- A arquitetura de estilo baseada em regras caracteriza-se por representar o ambiente de execução abstrato como um motor de inferência. Os programas são expressos sob a forma de regras ou predicados que são verdadeiros.
- A caraterística central do estilo de intérprete é a presença de um motor que é utilizado para interpretar um pseudocódigo expresso num formato aceitável para o intérprete. A interpretação do pseudoprograma constitui a execução do próprio programa.
- O estilo descendente é bastante representativo dos sistemas desenvolvidos com programação imperativa, o que leva a uma abordagem de dividir para conquistar na resolução de problemas.
- O estilo orientado para os objectos engloba uma vasta gama de sistemas que foram concebidos e implementados com base nas abstracções da programação orientada para os objectos
- O estilo de sistema em camadas permite a conceção e a implementação de sistemas de software em termos de camadas, que proporcionam um nível diferente de abstração do sistema.
- Cada camada opera geralmente com, no máximo, duas camadas: a que fornece um nível de abstração inferior e a que fornece uma camada de abstração superior.
- No estilo arquitetónico dos processos de comunicação, os componentes são representados por processos independentes que utilizam os recursos IPC para a gestão da coordenação.
- Por outro lado, o estilo arquitetónico dos sistemas de eventos, em que os componentes do sistema são fracamente acoplados e ligados.
- Os estilos de arquitetura de sistemas abrangem a organização física de componentes e processos numa infraestrutura distribuída. Apresentam dois estilos de referência fundamentais: cliente/servidor e ponto-a-ponto.
- O modelo cliente/servidor apresenta dois componentes principais: um servidor e um cliente. Estes dois componentes interagem entre si através de uma ligação de rede, utilizando um determinado protocolo. A comunicação é unidirecional. O cliente faz um pedido ao servidor e, após o processamento do pedido, o servidor devolve uma resposta.
- As operações importantes no paradigma cliente-servidor são o pedido, a aceitação (do lado do cliente) e a escuta e resposta (do lado do servidor).
- O modelo cliente/servidor é adequado em cenários de muitos para um.
- Em geral, vários clientes estão interessados em tais serviços e o servidor deve ser concebido de forma adequada para servir eficazmente os pedidos provenientes de diferentes clientes. Esta consideração tem implicações tanto na conceção do cliente como na conceção do servidor.
- Para a conceção do cliente, foram criados dois modelos: O modelo Thin client e o modelo Fat client.
- No modelo de cliente "magro", a carga de processamento e transformação dos dados é colocada no lado do servidor e o cliente tem uma implementação ligeira que se preocupa sobretudo em obter e devolver os dados que lhe são pedidos, sem qualquer processamento

adicional considerável.

- No modelo de cliente gordo, a componente cliente é também responsável pelo processamento e transformação dos dados antes de os devolver ao utilizador, ao passo que a funcionalidade do servidor é a implementação do Safari Light, que se ocupa sobretudo da gestão do acesso aos dados.

- Os três principais componentes do modelo cliente-servidor são a apresentação, a lógica da aplicação e o armazenamento de dados.

- A apresentação, a lógica de aplicação e a manutenção de dados podem ser vistas como camadas conceptuais, que são mais apropriadamente designadas por níveis.

- O mapeamento entre as camadas conceptuais e a sua implementação física em módulos e componentes permite diferenciar vários tipos de arquitecturas, que se designam por arquitecturas de várias camadas.

- Duas classes principais são a arquitetura de dois níveis e a arquitetura de três níveis.

- A arquitetura de dois níveis divide os sistemas em dois níveis, localizados um no componente cliente e o outro no servidor. O cliente é responsável pelo nível de apresentação, fornecendo uma interface de utilizador. O servidor concentra a lógica da aplicação e o armazenamento de dados num único nível.

- A arquitetura de três níveis separa a apresentação dos dados, a lógica da aplicação e o armazenamento de dados em três níveis. Esta arquitetura é generalizada para um modelo de N níveis, caso seja necessário dividir ainda mais as fases que compõem a lógica da aplicação e os níveis de armazenamento.

- O modelo peer-to-peer introduz uma arquitetura simétrica em que todos os componentes são designados por peers, desempenham o mesmo papel e incorporam as capacidades de cliente e de servidor do modelo cliente/servidor.

- O exemplo mais relevante de sistemas peer-to-peer é constituído por aplicações de partilha de ficheiros como o Gnutella, o Bit Torrent e o Kazaa.

Modelos de comunicação entre processos

- Existem vários modelos diferentes nos quais os processos podem interagir uns com os outros; eles mapeiam para diferentes abstrações para IPC. Entre os modelos mais relevantes estão a memória partilhada, a chamada de procedimento remoto (RPC) e a passagem de mensagens.

- A passagem de mensagens introduz o conceito de mensagem como a principal abstração do modelo. As entidades que trocam informações codificam explicitamente sob a forma de uma mensagem os dados a trocar. A estrutura e o conteúdo de uma mensagem variam consoante o modelo. Exemplos deste modelo são o Message-Passing Interface (MPI) e o Open MP.

- O paradigma da chamada de procedimento remoto alarga o conceito de chamada de procedimento para além dos limites de um único processo, desencadeando assim a execução de código em processos remotos. Neste caso, está implícita a arquitetura cliente/servidor subjacente. Um processo remoto aloja um componente servidor, permitindo assim que os processos clientes solicitem a invocação de métodos e devolvendo o resultado da execução.

Modelos para comunicação baseada em mensagens

Modelo de mensagem ponto-a-ponto

- Este modelo organiza a comunicação entre componentes individuais. Cada mensagem é enviada de um componente para outro e existe um endereçamento direto para identificar o recetor da mensagem. Num modelo de comunicação ponto-a-ponto, é necessário saber a localização ou como se dirigir a outro componente do sistema.

Modelo de mensagem de escriba Publish-and-sub

- Este modelo introduz uma estratégia diferente, que se baseia na notificação entre componentes.
- Existem dois papéis principais: o editor e o assinante.
- Existem duas estratégias principais para enviar o evento para os subscritores:
- Estratégia push. Neste caso, é da responsabilidade do editor notificar todos os subscritores. Por exemplo, com uma invocação de método.
- Estratégia pull. Neste caso, o editor limita-se a disponibilizar a mensagem para um determinado evento, cabendo aos assinantes verificar se existem mensagens sobre os eventos registados.

Modelo de mensagem pedido-resposta

- O modelo de mensagem pedido-resposta identifica todos os modelos de comunicação em que, para cada mensagem enviada por um processo, existe uma resposta.
- Este modelo é bastante popular e fornece uma classificação diferente que não se centra no número de componentes envolvidos na comunicação, mas sim na forma como a dinâmica da interação evolui.

Tecnologias para a computação distribuída

Chamada de procedimento remoto

- O RPC é a abstração fundamental que permite a execução de procedimentos a pedido do cliente.
- O RPC permite alargar o conceito de uma chamada de procedimento para além dos limites de um processo e de um único espaço de endereço de memória.
- O procedimento chamado e o procedimento de chamada podem estar no mesmo sistema ou podem estar em sistemas diferentes numa rede.
- Um aspeto importante do RPC é o "marshaling", que identifica o processo de conversão de parâmetros e valores de retorno numa forma mais adequada para ser transportada numa rede através de uma sequência de bytes.

Estruturas de objectos distribuídos

- As estruturas de objectos distribuídos alargam os sistemas de programação orientada para objectos, permitindo que os objectos sejam distribuídos por uma rede heterogénea e forneçem meios para que possam agir coerentemente como se estivessem no mesmo espaço de endereçamento.

Computação orientada para os serviços

- A computação orientada para os serviços organiza os sistemas distribuídos em termos de serviços, que representam a principal abstração para a construção de sistemas.
- A orientação para os serviços exprime as aplicações e os sistemas de software como agregações de serviços que são coordenados no âmbito de uma arquitetura orientada para os serviços (SOA).
- SOA é um estilo arquitetónico que suporta a orientação para os serviços. Organiza um sistema de software num conjunto de serviços que interagem entre si.
- A SOA engloba um conjunto de princípios de conceção que estruturam o desenvolvimento de sistemas e fornecem meios para integrar componentes num sistema coerente e descentralizado.

• A computação baseada em SOA agrupa as funcionalidades num conjunto de serviços interoperáveis, que podem ser integrados em diferentes sistemas de software pertencentes a domínios de atividade distintos.

• Existem dois papéis principais no SOA: o fornecedor de serviços e o consumidor de serviços.

1.6 Caraterísticas da nuvem

A partir das várias definições de computação em nuvem, um determinado conjunto de caraterísticas fundamentais funde-se.

Provisionamento a pedido

O aprovisionamento a pedido é a caraterística mais importante da computação em nuvem, pois permite que os utilizadores solicitem ou libertem recursos sempre que desejarem.

Estes pedidos são depois automaticamente satisfeitos pelo serviço de um fornecedor de serviços em nuvem e os utilizadores apenas são cobrados pela sua utilização, ou seja, pelo tempo em que estiveram na posse dos recursos.

A atividade de uma solução de computação em nuvem, no que diz respeito ao aprovisionamento de recursos, é, de facto, de primordial importância, uma vez que está intimamente relacionada com o modelo de negócio de pagamento conforme o uso da nuvem.

É uma das caraterísticas importantes e valiosas do Cloud Computing, uma vez que o utilizador pode monitorizar continuamente o tempo de funcionamento do servidor, as capacidades e o armazenamento de rede atribuído. Com esta funcionalidade, o utilizador pode também monitorizar as capacidades de computação.

Acesso universal

Os recursos na nuvem não só precisam de ser aprovisionados rapidamente como também acedidos e geridos universalmente, utilizando protocolos Internet normalizados, normalmente através de serviços Web RESTful.

Isto permite que os utilizadores acedam aos seus recursos na nuvem utilizando qualquer tipo de dispositivo, desde que tenham uma ligação à Internet.

O acesso universal é uma caraterística fundamental por detrás da adoção generalizada da nuvem, não só por actores profissionais, mas também pelo público em geral, que está hoje familiarizado com soluções baseadas na nuvem, como o armazenamento em nuvem ou o streaming de media.

As capacidades estão disponíveis na rede e são acedidas através de mecanismos normalizados que promovem a utilização por plataformas heterogéneas de clientes finos ou grossos, como telemóveis, tablets, computadores portáteis e estações de trabalho.

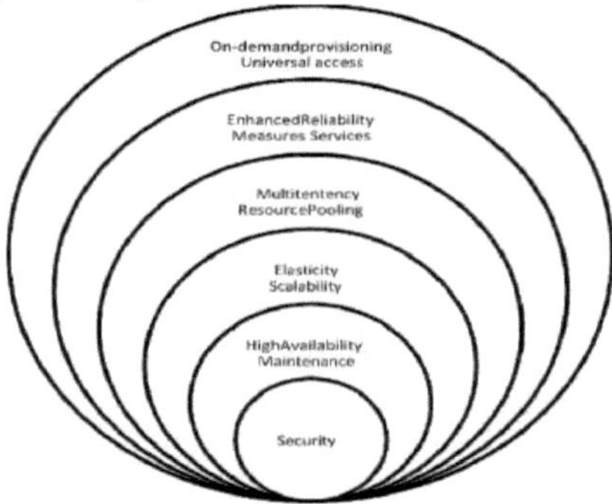

Fig 1.15 Caraterísticas da nuvem

Fiabilidade reforçada

A computação em nuvem permite que os utilizadores aumentem a fiabilidade das suas aplicações. A fiabilidade já está incorporada em muitas soluções de computação em nuvem através da redundância do armazenamento. Os fornecedores de serviços de computação em nuvem têm normalmente mais do que um centro de dados e é possível obter maior fiabilidade fazendo cópias de segurança dos dados em diferentes locais. Isto também pode ser utilizado para garantir a disponibilidade do serviço, no caso de operações de manutenção de rotina ou, mais raramente, no caso de uma catástrofe natural. O utilizador pode obter maior fiabilidade utilizando os serviços de diferentes fornecedores de serviços em nuvem.

Serviços medidos

A computação em nuvem refere-se geralmente a serviços pagos.

Os clientes têm direito a uma determinada qualidade de serviço, garantida pelo Acordo de Nível de Serviço que devem poder controlar.

Por conseguinte, os fornecedores de serviços de computação em nuvem oferecem ferramentas de monitorização, quer através de uma interface gráfica, quer através de uma API.

Estas ferramentas também ajudam os próprios fornecedores para efeitos de faturação e gestão.

Arrendamento múltiplo

- Tal como a grelha anterior, os recursos da nuvem são partilhados por diferentes utilizadores em simultâneo. Estes utilizadores tiveram de reservar antecipadamente um número fixo de máquinas físicas por um período de tempo fixo.

- Nos centros de dados virtualizados, os recursos provisionados de um utilizador já não correspondem à infraestrutura física e podem ser distribuídos por várias máquinas físicas.

- Podem também funcionar juntamente com os recursos provisionados de outros utilizadores, exigindo assim uma menor quantidade de recursos físicos. Consequentemente, podem ser efectuadas importantes poupanças de energia desligando os recursos não utilizados ou colocando-os em modo de poupança de energia.

Agrupamento de recursos

- Os recursos informáticos do fornecedor são agrupados para servir vários consumidores através de um modelo multi-tenant, com diferentes recursos físicos e virtuais atribuídos e reatribuídos dinamicamente de acordo com a procura dos consumidores.

- Existe uma sensação de independência da localização, na medida em que o cliente geralmente não tem controlo ou conhecimento sobre a localização exacta dos recursos fornecidos, mas pode ser capaz de especificar a localização a um nível de abstração muito mais elevado (por exemplo, país, estado ou centro de dados).

- Exemplos de recursos incluem armazenamento, processamento, memória e largura de banda de rede. **Elasticidade e escalabilidade rápidas**

- A elasticidade é a capacidade de um sistema incluir e excluir recursos como núcleos de CPU, memória, máquina virtual e instâncias de contentores para se adaptar à variação da carga em tempo real.

- A elasticidade é uma propriedade dinâmica da computação em nuvem. Existem dois tipos de elasticidade. Horizontal e vertical.

- A elasticidade horizontal consiste em adicionar ou remover instâncias de recursos informáticos associados a uma aplicação.

- A elasticidade vertical consiste em aumentar ou diminuir as caraterísticas dos recursos informáticos, como o tempo de CPU, os núcleos, a memória e a largura de banda da rede.

- Existem outros termos, como escalabilidade e eficiência, que estão associados à elasticidade, mas o seu significado é diferente do de elasticidade, embora sejam utilizados indistintamente em alguns casos.

- A escalabilidade é a capacidade do sistema para suportar cargas de trabalho crescentes utilizando recursos adicionais, é independente do tempo e é semelhante ao estado de aprovisionamento em elasticidade, mas o tempo não tem qualquer efeito no sistema (propriedade estática).

- A equação que se segue resume o conceito de elasticidade na computação em nuvem. Escalonamento automático=Escalabilidade + Automação Elasticidade=Escalonamento automático + Otimização

- Isto significa que a elasticidade é construída em cima da escalabilidade. Pode ser considerada como uma automatização do conceito de escalabilidade, no entanto, tem como objetivo otimizar da melhor forma e o mais rapidamente possível os recursos num determinado momento.

- As capacidades podem ser aprovisionadas e libertadas de forma elástica, nalguns casos automaticamente, para se expandirem rapidamente para fora e para dentro, de acordo com a procura.

- Para o consumidor, as capacidades disponíveis para aprovisionamento parecem muitas vezes ilimitadas e podem ser apropriadas em qualquer quantidade e em qualquer altura.

Manutenção fácil

- Os servidores são de fácil manutenção e o tempo de inatividade é muito baixo e, mesmo em alguns casos, não há tempo de inatividade.

- O Cloud Computing apresenta sempre uma atualização, melhorando-a gradualmente. As actualizações são mais compatíveis com os dispositivos e têm um desempenho mais rápido do que as mais antigas, juntamente com os erros que são corrigidos.

Alta disponibilidade

- As capacidades da Nuvem podem ser modificadas de acordo com a utilização e podem ser muito alargadas. Analisa a utilização do armazenamento e permite ao utilizador comprar armazenamento adicional na Nuvem, se necessário, por um montante muito reduzido.

Segurança

- A segurança na nuvem é uma das melhores caraterísticas da computação em nuvem. Cria uma imagem instantânea dos dados armazenados para que estes não se percam, mesmo que um dos servidores se danifique.

- Os dados são armazenados nos dispositivos de armazenamento, que não podem ser pirateados e utilizados por qualquer outra pessoa. O serviço de armazenamento é rápido e fiável.

CAPÍTULO II

TECNOLOGIAS FACILITADORAS DA COMPUTAÇÃO EM NUVEM

Arquitetura Orientada a Serviços - REST e Sistemas de Sistemas - Web Services - Modelo Publish - Subscribe - Noções básicas de Virtualização - Tipos de Virtualização - Níveis de Implementação de Virtualização - Estruturas de Virtualização - Ferramentas e Mecanismos - Virtualização de CPU - Memória - Dispositivos de I/O - Suporte de Virtualização e Recuperação de Desastres.

2.1 Arquitetura orientada para os serviços

* Um serviço encapsula um componente de software que fornece um conjunto de funcionalidades coerentes e relacionadas que podem ser reutilizadas e integradas em aplicações maiores e mais complexas.

* O termo serviço é uma abstração geral que engloba várias implementações diferentes que utilizam tecnologias e protocolos diferentes.

* Don Box identifica quatro caraterísticas principais com a intenção de identificar um serviço.

* Os limites são explícitos

* As aplicações orientadas para os serviços são geralmente compostas por serviços que se encontram espalhados por diferentes domínios, autoridades de confiança e ambientes de execução.

* Os serviços são autónomos

O Os serviços são componentes que existem para oferecer funcionalidades.

O Os serviços são agregados e coordenados para construir um sistema mais complexo.

O Os serviços não são concebidos para fazer parte de um sistema específico, mas podem ser integrados em vários sistemas de software.

O A noção de autonomia também afecta a forma como os serviços tratam as falhas.

* Os serviços partilham esquemas e contratos

* Os serviços nunca partilham definições de classes e interfaces.

* Nos sistemas orientados para objectos, os serviços não são expressos em termos de classes ou interfaces, mas são definidos em termos de esquemas e contratos.

* Tecnologias como a XML e a SOAP fornecem as ferramentas adequadas para suportar tais caraterísticas, em vez da definição de classes e da declaração de interfaces.

* A compatibilidade dos serviços é determinada com base na política

* A orientação para os serviços separa a compatibilidade estrutural da compatibilidade semântica.

* A compatibilidade estrutural baseia-se em contratos e esquemas e pode ser validada por técnicas baseadas em máquinas.

* A compatibilidade semântica é expressa sob a forma de políticas que definem as capacidades e os requisitos de um serviço.

* A arquitetura orientada para os serviços é um estilo arquitetónico que apoia a orientação para os serviços.

* Este estilo de arquitetura organiza um sistema de software num conjunto de serviços que interagem entre si.

* A SOA engloba um conjunto de princípios de conceção que estruturam o desenvolvimento de sistemas e fornecem meios para integrar componentes num sistema

coerente e descentralizado.

- A computação baseada em SOA agrupa as funcionalidades num conjunto de serviços interoperáveis, que podem ser integrados em diferentes sistemas de software pertencentes a domínios de atividade distintos.
- Existem dois grandes papéis sexistas no SOA
- Prestador de serviços
- Consumidor de serviços
- Em primeiro lugar, o prestador de serviços é o responsável pela manutenção do serviço e a organização que disponibiliza um ou mais serviços para serem utilizados por outros.
- Para publicitar os serviços, o fornecedor pode publicá-los num registo juntamente com um contrato de serviço que especifique a natureza do serviço, a forma de o utilizar, os requisitos do serviço e as taxas cobradas.
- Em segundo lugar, o consumidor do serviço pode localizar os metadados do serviço no registo e desenvolver os componentes de cliente necessários para ligar e utilizar o serviço.
- Os prestadores de serviços e os consumidores podem pertencer a diferentes organismos.
- É muito comum nos sistemas informáticos baseados em SOA que os componentes desempenhem os papéis de fornecedor e consumidor de serviços.
- Os serviços podem agregar informações e dados obtidos de outros serviços ou criar fluxos de trabalho de serviços para satisfazer o pedido de um determinado consumidor de serviços. Esta prática é designada por orquestração de serviços, que descreve de forma mais geral a organização, coordenação e gestão automatizadas de sistemas informáticos, middleware e serviços mais complexos.
- Outro padrão de interação importante é a composição de serviços, que consiste na interação coordenada de serviços sem um único ponto de controlo.
- O SOA fornece um modelo de referência para a arquitetura de vários sistemas de software, principalmente para aplicações e sistemas empresariais.
- A interoperabilidade, as normas e os contratos de serviços desempenham um papel fundamental.
- Em particular, a seguinte lista de princípios orientadores caracteriza as plataformas SOA:

Contrato de serviço normalizado

- Os serviços aderem a um determinado acordo de comunicação, que é especificado através de um ou mais documentos de descrição de serviços.

Acoplamento flexível

- Os serviços são concebidos como componentes autónomos, mantêm relações que minimizam as dependências e apenas requerem o conhecimento mútuo.
- Os contratos de serviços imporão a interação necessária entre os serviços.
- Isto simplifica a agregação flexível de serviços e permite uma estratégia de conceção mais ágil que apoia a evolução do negócio da empresa.

Abstração

- Um serviço é completamente definido por contratos de serviço e documentos de descrição.
- A abstração esconde a lógica, que é encapsulada na sua implementação.
- A utilização de documentos de descrição de serviços e de contratos elimina a necessidade de considerar os pormenores técnicos de implementação.

- Fornece um quadro mais intuitivo para definir sistemas de software num contexto empresarial.

Reutilização

- Concebidos como componentes, os serviços podem ser reutilizados de forma mais eficiente, reduzindo assim o tempo de desenvolvimento e os custos associados.
- A reutilização permite uma conceção mais ágil e uma implementação e implantação do sistema mais económica.

Autonomia

- Os serviços têm controlo sobre a lógica que encapsulam e não têm conhecimento da sua implementação.

Falta de Estado

- Ao fornecer um padrão de interação sem estado, os serviços aumentam a possibilidade de serem reutilizados e agregados, especialmente num cenário em que um único serviço é utilizado por vários consumidores que pertencem a diferentes domínios administrativos e empresariais.

Descoberta

- Os serviços são definidos por documentos de descrição que constituem metadados suplementares através dos quais podem ser efetivamente descobertos.
- A descoberta de serviços proporciona um meio eficaz de utilizar recursos de terceiros.

Capacidade de composição

- Utilizando serviços como blocos de construção, podem ser implementadas operações difíceis.
- A orquestração e a coreografia de serviços fornecem um suporte sólido para compor serviços e alcançar os objectivos comerciais desejados.
- Juntamente com estes princípios, outros recursos orientam a utilização de SOA para a integração de aplicações empresariais (EAI).
- O manifesto SOA integra os princípios anteriormente descritos com considerações gerais sobre os objectivos gerais de uma abordagem orientada para os serviços na conceção de software de aplicações empresariais e sobre o que é valorizado no SOA.
- Os quadros e metodologias de modelação, como o Quadro de Modelação Orientada para os Serviços (SOMF) e as arquitecturas de referência introduzidas pela Organização para o Avanço das Normas de Informação Estruturada (OASIS), fornecem meios para a realização eficaz de arquitecturas orientadas para os serviços.
- A SOA pode ser realizada através de várias tecnologias.
- As primeiras implementações de SOA tiraram partido de tecnologias de programação de objectos distribuídos, como CORBA e DCOM.
- O CORBA tem sido uma plataforma adequada para a realização de sistemas SOA porque proporciona interoperabilidade entre diferentes implementações e foi concebido como uma especificação que apoia o desenvolvimento de aplicações industriais.
- Atualmente, a SOA é sobretudo realizada através da tecnologia de serviços Web, que fornece uma plataforma interoperável para ligar sistemas e aplicações.

2.2 Serviços Web

- Os serviços Web são a tecnologia mais importante para a implementação de sistemas e aplicações SOA.

• Estes serviços tiram partido das tecnologias e normas da Internet para a criação de sistemas distribuídos. Vários aspectos fazem dos serviços Web a tecnologia de eleição para SOA.

• Em primeiro lugar, permitem a interoperabilidade entre diferentes plataformas e linguagens de programação.

• Em segundo lugar, baseiam-se em normas bem conhecidas e independentes dos fornecedores, como HTTP, SOAP, XML e WSDL.

• Em terceiro lugar, proporcionam uma forma intuitiva e simples de ligar sistemas de software heterogéneos, permitindo a rápida composição de serviços num ambiente distribuído.

• Por último, fornecem as caraterísticas exigidas pelas aplicações empresariais para serem utilizadas num ambiente industrial.

• Definem facilidades para permitir a descoberta de serviços, o que permite ao arquiteto de sistemas compor mais eficientemente aplicações SOA e a medição de serviços para avaliar se um serviço específico está em conformidade com o contrato entre o fornecedor de serviços e o consumidor de serviços.

• O conceito subjacente a um serviço Web é muito simples.

• Utilizando como base a abstração orientada para objectos, um serviço Web expõe um conjunto de operações que podem ser invocadas através de protocolos baseados na Internet.

• A semântica para invocar métodos de serviços Web é expressa através de normas interoperáveis, como XML e WSDL, que também fornecem um quadro completo para expressar tipos simples e complexos de uma forma independente da plataforma.

• Os serviços Web tornam-se acessíveis ao serem alojados num servidor Web.

• O HTTP é o protocolo de transporte mais popular utilizado para interagir com os serviços Web.

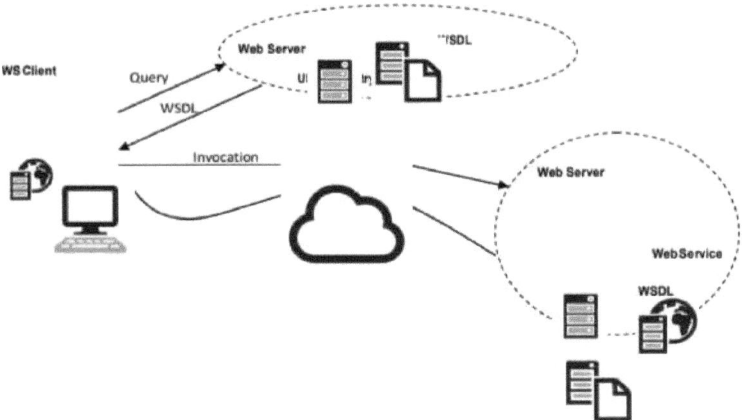

Fig 2.1 Cenário de referência para os serviços Web

• Os arquitectos de sistemas desenvolvem um serviço Web com a tecnologia da sua escolha e implantam-no em servidores Web ou de aplicações compatíveis.

• O documento de descrição do serviço é expresso através da linguagem de definição de serviços Web (WSDL), pode ser carregado num registo global ou anexado como metadados ao próprio serviço. Os consumidores de serviços podem procurar e descobrir serviços em catálogos globais utilizando a Descoberta e Integração da Descrição Universal (UDDI).

• O documento de descrição do serviço Web permite que os consumidores de serviços gerem automaticamente clientes para o serviço em causa e os integrem na sua aplicação existente.

• Os serviços Web são atualmente extremamente populares, pelo que existem ligações para qualquer linguagem de programação corrente sob a forma de bibliotecas ou ferramentas de apoio ao desenvolvimento.

• Isto torna a utilização dos serviços Web simples e direta em relação a tecnologias como o CORBA, que exigem um esforço de integração muito maior.

• Além disso, sendo interoperáveis, os serviços Web constituem uma melhor solução para a SOA em relação a várias estruturas de objectos distribuídos, como .NET Remoting, Java RMI e DCOM/COM1, que limitam a sua aplicabilidade a uma única plataforma ou ambiente. Para além da função principal de permitir a invocação remota de métodos através da utilização de normas interoperáveis baseadas na Web, os serviços Web englobam várias tecnologias que reúnem e facilitam a integração de aplicações heterogéneas e permitem uma computação orientada para os serviços.

• A Figura 2.2 mostra a pilha de tecnologias de serviços Web que enumera todos os componentes da estrutura concetual que descreve e permite a abstração dos serviços Web.

• Estas tecnologias abrangem todos os aspectos que permitem que os serviços Web funcionem num ambiente distribuído, desde os requisitos específicos para a ligação em rede até à descoberta de serviços.

Fluxo de serviços Web (WSFL)	Segurança	Gestão	QoS
Descoberta de serviços (UDDI)			
Publicação de serviço (UDDI)			
Descrição do serviço (ASDL)			
Mensagens baseadas em XML (SOAP)			
Rede (HTTP, FTP, correio eletrónico, ...)			

Fig 2.2 Pilha de tecnologias de serviços Web

• A espinha dorsal de todas estas tecnologias é a XML, que é também uma das causas da popularidade e da facilidade de utilização dos serviços Web.

• As linguagens baseadas em XML são utilizadas para gerir a interação de baixo nível para chamadas de métodos de serviços Web (SOAP), para fornecer metadados sobre os serviços (WSDL), para serviços de descoberta (UDDI) e outras operações essenciais.

• Na prática, os componentes principais que permitem os serviços Web são o SOAP e o WSDL.

• O Simple Object Access Protocol (SOAP) é uma linguagem baseada em XML para o intercâmbio de informações estruturadas de uma forma independente da plataforma, constituindo o protocolo utilizado para a invocação de métodos de serviços Web.

• Num contexto distribuído que utiliza a Internet, o SOAP é considerado um protocolo da camada de aplicação que utiliza o nível de transporte, mais frequentemente o HTTP, para IPC.

• O SOAP estrutura a interação em termos de mensagens que são documentos XML que imitam a estrutura de uma carta, com um envelope, um cabeçalho e um corpo.

• O envelope define os limites da mensagem SOAP.

*   O cabeçalho é opcional e contém informações relevantes sobre a forma de processar a mensagem.

Anfitrião : www.sample.com

Content-Type: application/soap + xml; charsetutf-8 Content-Length: <Size>

<?xml version= "1.0">

<soap: Envelope xmlns:soap= http://www.w3.org/2001/12/soap-envelope

        soap:encodingStyle= "http://www.w3.org/2001/12/soap-enoding" >

<soap:Header></soap:Header>

<soap:Body xmlns=http://www.sample.com/stock>

<m:GetPrice>

<m: StockName>DELL</m:StockName>

</m:GetPrice>

</soap:Body>

</soap: Envelope>

POST /StockPrice HTTP/1.1 Anfitrião: www.sample.com

Content-Type: application/soap+xml; charsetutf-8 Content-Length: <Size>

<?xml version= "1.0">

<soap: Envelope xmlns:soap= "http://www.w3.org/2001/12/soap-envelope"

soap:encodingStyle= "http://www.w3.org/2001/12/soap-enoding" >

<soap:Header></soap:Header>

<soap:Body xmlns=http://www.sample.com/stock>

<m:GetPriceResponse>

<m: Preço>58,5</m:Preço>

</m:GetPriceResponse>

</soap:Body>

</soap: Envelope>

*   Além disso, contém informações como definições de encaminhamento e entrega, autenticação, contextos de transação e afirmações de autorização.

*   O corpo contém a mensagem a ser processada.

*   As principais utilizações das mensagens SOAP são a invocação de métodos e a obtenção de resultados.

*   A Figura 2.3 mostra um exemplo de uma mensagem SOAP utilizada para invocar um método de serviço Web que recupera o preço de uma determinada ação e a resposta correspondente.

*   Apesar de os documentos XML serem fáceis de produzir e processar em qualquer plataforma ou linguagem de programação, o SOAP tem sido frequentemente considerado bastante ineficiente devido à utilização excessiva de marcação que o XML impõe para organizar a informação num documento bem formado.

*   Por conseguinte, foram propostas alternativas ligeiras ao par SOAP/XML para apoiar os serviços Web.

2.3 REST e sistemas de sistemas

*   A alternativa mais relevante ao par SOAP/XML é a Transferência de Estado Representacional (REST), que fornece um modelo para a conceção de sistemas de software baseados em rede utilizando o modelo cliente/servidor e aproveita as facilidades fornecidas pelo HTTP para IPC sem encargos adicionais.

- Num sistema RESTful, um cliente envia um pedido por HTTP utilizando os métodos HTTP padrão (PUT, GET, POST e DELETE) e o servidor emite uma resposta que inclui a representação do recurso.
- Ao basear-se neste suporte mínimo, é possível fornecer o que for necessário para substituir a funcionalidade básica e mais importante fornecida pelo SOAP, que é a invocação de métodos.
- Os métodos GET, PUT, POST e DELETE constituem um conjunto mínimo de operações para recuperar, acrescentar, modificar e apagar os dados.
- Juntamente com uma organização URI adequada para identificar os recursos, são implementadas todas as operações atómicas exigidas por um serviço Web.
- O conteúdo dos dados continua a ser transmitido utilizando XML como parte do conteúdo HTTP, mas a marcação adicional exigida pelo SOAP é eliminada.
- Por este motivo, o REST representa uma alternativa ligeira ao SOAP, que funciona eficazmente em contextos em que estão ausentes aspectos adicionais para além dos geríveis através do HTTP.
- Os serviços Web RESTful funcionam num ambiente em que não é necessária qualquer segurança adicional para além da suportada pelo HTTP.
- Esta não é uma grande limitação, e os serviços Web RESTful são bastante populares e utilizados para fornecer funcionalidades à escala empresarial:
1. Twitter
2. Yahoo! (APIs de pesquisa, mapas, fotografias, etc.)
3. Flickr
4. Amazon.com
- A linguagem de descrição de serviços Web (WSDL) é uma linguagem baseada em XML para a descrição de serviços Web.
- É utilizada para definir a interface de um serviço Web em termos de métodos a chamar e de tipos e estruturas dos parâmetros e valores de retorno necessários.
- Na Figura 2.3, notamos que as mensagens SOAP para invocar o método GetPrice e receber o resultado não têm qualquer informação sobre o tipo e a estrutura dos parâmetros e dos valores de retorno.
- Esta informação é armazenada no documento WSDL anexado ao serviço Web.
- Por conseguinte, as aplicações consumidoras de serviços Web já sabem que tipos de parâmetros são necessários e como interpretar os resultados.
- Sendo uma linguagem baseada em XML, o WSDL permite a geração automática de clientes de serviços Web que podem ser facilmente integrados em aplicações existentes.
- Além disso, a XML é uma especificação independente da plataforma e da linguagem, pelo que os clientes dos serviços Web podem ser gerados para qualquer linguagem capaz de interpretar dados XML. Esta é uma caraterística fundamental que permite a interoperabilidade dos serviços Web e uma das razões que fazem desta tecnologia uma solução de eleição para a SOA.
- Para além das que suportam diretamente os serviços Web, existem outras tecnologias que caracterizam a Web 2.0 e que contribuem para enriquecer e potenciar as aplicações Web e, posteriormente, os sistemas baseados em SOA.
- O AJAX utiliza XML para trocar dados com serviços e aplicações Web

- Uma alternativa ao XML é o JSON, que permite representar objectos e colecções de objectos de uma forma independente da plataforma.

- Muitas vezes, é preferível transmitir dados num contexto AJAX porque, em comparação com o XML, é uma notação mais leve e, por conseguinte, permite transmitir a mesma quantidade de informação de forma mais concisa.

2.4 Modelo Publish-Subscribe

- O modelo de mensagens Publish-and-subscribe introduz uma estratégia diferente de passagem de mensagens, baseada na notificação entre componentes.

- Existem dois papéis principais:

- O editor e o assinante

- O editor oferece ao assinante a possibilidade de registar o seu interesse por um tema ou evento específico.

- Condições específicas que se mantenham verdadeiras do lado do editor podem despoletar a criação de mensagens associadas a um evento específico.

- Uma mensagem estará disponível para todos os subscritores que se inscreveram no evento correspondente.

- Existem duas estratégias principais para enviar o evento para os subscritores:

Estratégia de impulso

Neste caso, é da responsabilidade do editor notificar todos os subscritores através da invocação de um método.

Estratégia pull

Neste caso, o editor limita-se a disponibilizar a mensagem para um evento específico, cabendo aos assinantes verificar se existem mensagens sobre os eventos registados.

O modelo de publicação e subscrição é muito adequado para a implementação de sistemas baseados no modelo de comunicação um para muitos e simplifica a implementação de padrões de comunicação indirectos.

De facto, não é necessário que o editor conheça a identidade dos assinantes para que a comunicação se concretize.

2.5 Noções básicas de virtualização

- A tecnologia de virtualização é um dos componentes fundamentais da computação em nuvem, especialmente no que diz respeito aos serviços baseados em infra-estruturas.

- A virtualização permite a criação de um ambiente de execução seguro, personalizável e isolado para a execução de aplicações.

- A virtualização é um vasto conjunto de tecnologias e conceitos que se destinam a fornecer um ambiente abstrato, quer se trate de hardware virtual ou de um sistema operativo para executar aplicações.

- O termo virtualização é frequentemente sinónimo de virtualização de hardware, que desempenha um papel fundamental no fornecimento eficiente de soluções de Infraestrutura como Serviço (IaaS) para a computação em nuvem.

- As tecnologias de virtualização ganharam recentemente um interesse renovado devido à confluência de vários fenómenos:

o Aumento do desempenho e da capacidade de computação.

    o Recursos de hardware e software subutilizados

o Falta de espaço

o Iniciativas de ecologização

o Aumento dos custos administrativos

- A virtualização é um conceito amplo que se refere à criação de uma versão virtual de algo, seja hardware, um ambiente de software, armazenamento e uma rede.
- Num ambiente virtualizado, existem três componentes principais:

o Convidado

o Anfitrião

o Camada de virtualização

- O convidado representa o componente do sistema que interage com a camada de virtualização e não com o anfitrião, como normalmente aconteceria.
- O anfitrião representa o ambiente original onde é suposto o convidado ser gerido.
- A camada de virtualização é responsável por recriar o mesmo ambiente ou um ambiente diferente onde o convidado irá operar.

2.5.1 Caraterísticas dos ambientes virtualizados

Aumento da segurança

o A capacidade de controlar a execução de um convidado de uma forma completamente transparente abre novas possibilidades para proporcionar um ambiente de execução seguro e controlado.

o A máquina virtual representa um ambiente emulado no qual o convidado é executado.

o Este nível de indirecção permite ao gestor da máquina virtual controlar e filtrar a atividade do convidado, impedindo assim a realização de algumas operações prejudiciais.

- Execução gerida A virtualização do ambiente de execução não só permite uma maior segurança, como também pode ser implementada uma gama mais alargada de funcionalidades.
- Em particular, a partilha, a agregação, a emulação e o isolamento são as caraterísticas mais relevantes

Partilhar

o A virtualização permite a criação de um ambiente de computação separado dentro do mesmo host.

o Desta forma, é possível explorar plenamente as capacidades de um convidado poderoso, que de outra forma seriam subutilizadas.

Agregação

o Não só é possível partilhar recursos físicos entre vários convidados, como a virtualização também permite a agregação, que é o processo oposto.

o Um grupo de hosts separados pode ser vinculado e representado aos convidados como um único host virtual.

Emulação

o Os programas convidados são executados num ambiente que é controlado pela camada de virtualização, que, em última análise, é um programa.

o Isto permite controlar e ajustar o ambiente que é exposto aos convidados.

Isolamento

o A virtualização permite fornecer aos convidados, sejam eles sistemas operativos, aplicações ou outras entidades, um ambiente completamente separado, no qual são executados.

o O programa convidado executa a sua atividade interagindo com uma camada de abstração, que fornece acesso aos recursos subjacentes.

Benefícios do isolamento

- Primeiro, permite que vários convidados sejam executados no mesmo host sem interferir uns com os outros.

* Em segundo lugar, proporciona uma separação entre o anfitrião e o hóspede.
* Outra capacidade importante possibilitada pela virtualização é o ajuste de desempenho.
* Esta caraterística é uma realidade atualmente, dados os avanços consideráveis em hardware e software que suportam a virtualização.
* Torna-se mais fácil controlar o desempenho do convidado através da afinação fina das propriedades dos recursos expostos através do ambiente virtual.
* Esta capacidade proporciona um meio de implementar eficazmente uma infraestrutura de qualidade de serviço (QoS) que cumpra mais facilmente o acordo de nível de serviço (SLA) estabelecido para o hóspede.

Portabilidade

o O conceito de portabilidade aplica-se de formas diferentes consoante o tipo específico de virtualização considerado.

o No caso de uma solução de virtualização de hardware, o convidado é empacotado numa imagem virtual que, na maioria dos casos, pode ser movida com segurança e executada em cima de diferentes máquinas virtuais.

2.6 Tipos de virtualização

A virtualização é utilizada principalmente para emular ambientes de execução, armazenamento e redes.

As técnicas de virtualização da execução dividem-se em duas categorias principais, tendo em conta o tipo de anfitrião que requerem.

As técnicas ao nível do processo são implementadas sobre um sistema operativo existente, que tem controlo total sobre o hardware.

As técnicas a nível do sistema são implementadas diretamente no hardware e não requerem ou requerem um mínimo de apoio do sistema operativo existente.

Dentro destas duas categorias, podemos enumerar várias técnicas que oferecem ao convidado um tipo diferente de ambiente de computação virtual:

o Hardware simples

o Recursos do sistema operativo

o Linguagem de programação de baixo nível

o Bibliotecas de aplicações

A virtualização da execução inclui todas as técnicas que visam emular um ambiente de execução separado do que aloja a camada de virtualização.

Todas estas técnicas concentram o seu interesse na prestação de apoio à execução de programas, quer se trate do sistema operativo, de uma especificação binária de um programa compilado com base num modelo de máquina abstrato ou de uma aplicação.

Por conseguinte, a virtualização da execução pode ser implementada diretamente sobre o hardware pelo sistema operativo, uma aplicação e bibliotecas (dinâmica ou estaticamente) ligadas a uma imagem da aplicação. Os sistemas de computação modernos podem ser expressos em termos do modelo de referência descrito na Figura 2.4.

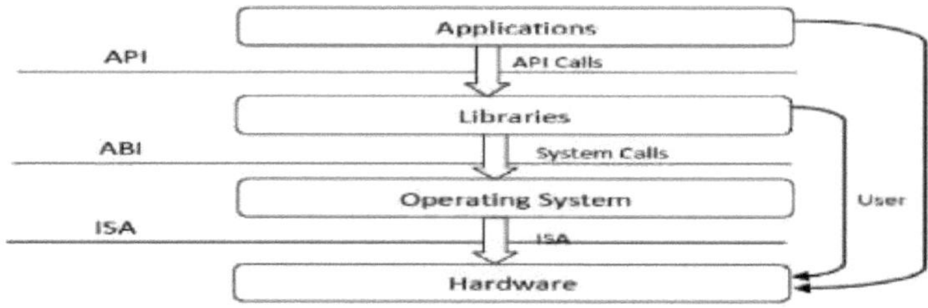

Fig 2.4 Modelo de referência da máquina

Na camada inferior, o modelo para o hardware é expresso em termos da Arquitetura do Conjunto de Instruções (ISA), que define o conjunto de instruções para o processador, registos, memória e uma gestão de interrupções.

A ISA é a interface entre o hardware e o software.

O ISA é importante para o programador do sistema operativo (SO) (System ISA) e para os programadores de aplicações que gerem diretamente o hardware subjacente (User ISA).

A interface binária de aplicação (ABI) separa a camada do sistema operativo das aplicações e bibliotecas, que são geridas pelo sistema operativo.

A ABI abrange pormenores como os tipos de dados de baixo nível, o alinhamento, as convenções de chamada e define um formato para os programas executáveis.

As chamadas de sistema são definidas a este nível.

Esta interface permite a portabilidade de aplicações e bibliotecas entre sistemas operativos que implementam a mesma ABI.

O nível mais elevado de abstração é representado pela interface de programação de aplicações (API), que estabelece a interface entre as aplicações e as bibliotecas e o sistema operativo subjacente. Para este efeito, o conjunto de instruções exposto pelo hardware foi dividido em diferentes classes de segurança que definem quem pode operar com elas.

A primeira distinção pode ser feita entre instruções privilegiadas e não privilegiadas.

o Instruções não privilegiadas são as instruções que podem ser utilizadas sem interferir com outras tarefas porque não acedem a recursos partilhados.

o Esta categoria contém todas as instruções flutuantes, de ponto fixo e aritméticas.

As instruções privilegiadas são as que são executadas sob restrições específicas e são principalmente utilizadas para operações sensíveis, que expõem (sensíveis ao comportamento) ou modificam (sensíveis ao controlo) o estado privilegiado.

Alguns tipos de arquitetura apresentam mais do que uma classe de instruções privilegiadas e implementam um controlo mais rigoroso do modo como essas instruções podem ser acedidas.

Por exemplo, uma possível implementação apresenta uma hierarquia de privilégios ilustrada na figura 2.5 sob a forma de segurança baseada em anéis: Anel 0, Anel 1, Anel 2 e Anel 3;

o Anel 0 está no nível mais privilegiado e o Anel 3 no nível menos privilegiado.

o Anel 0 é utilizado pelo kernel do SO, os anéis 1 e 2 são utilizados pelos serviços ao nível do SO e o anel 3 é utilizado pelo utilizador.

o Os sistemas recentes suportam apenas dois níveis, com o Anel 0 para o modo de supervisor e o Anel 3 para o modo de utilizador.

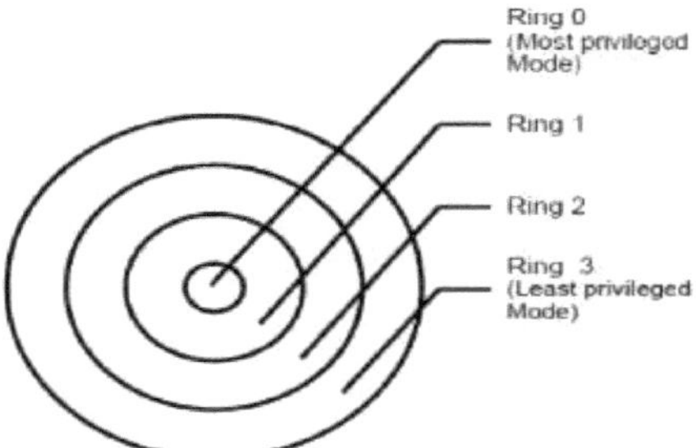

Fig. 2.5 Anéis de segurança

Todos os sistemas actuais suportam, pelo menos, dois modos de execução diferentes: o modo supervisor e o modo utilizador.

O modo supervisor designa um modo de execução em que todas as instruções (privilegiadas e não privilegiadas) podem ser executadas sem qualquer restrição.

Este modo, também designado por modo mestre ou modo kernel, é geralmente utilizado pelo sistema operativo (ou pelo hipervisor) para efetuar operações sensíveis em recursos ao nível do hardware. No modo de utilizador, existem restrições para controlar os recursos ao nível da máquina.

A distinção entre o modo de utilizador e o modo de supervisor permite-nos compreender o papel do hipervisor e a razão pela qual lhe é dado esse nome.

Conceptualmente, o hipervisor funciona acima do modo supervisor e a partir daqui é utilizado o prefixo "hyper".

Na realidade, os hipervisores são executados em modo supervisor e a divisão entre instruções privilegiadas e não privilegiadas tem colocado desafios na conceção de gestores de máquinas virtuais. **2.6.1 Virtualização ao nível do hardware**

A virtualização ao nível do hardware é uma técnica de virtualização que fornece um ambiente de execução abstrato em termos de hardware de computador sobre o qual pode ser executado um sistema operativo convidado.

Neste modelo, o convidado é representado pelo sistema operativo, o anfitrião pelo hardware físico do computador, a máquina virtual pela sua emulação e o gestor da máquina virtual pelo hipervisor.

O hipervisor é geralmente um programa ou uma combinação de software e hardware que permite a abstração do hardware físico subjacente.

A virtualização ao nível do hardware é também designada por virtualização do sistema, uma vez que fornece ISA às máquinas virtuais, que é a representação da interface de hardware de um sistema.

Isto serve para a diferenciar das máquinas virtuais de processos, que expõem a ABI às máquinas virtuais.

Os hipervisores são um elemento fundamental da virtualização de hardware: o hipervisor, ou gestor de máquinas virtuais (VMM).

Recria um ambiente de hardware no qual são instalados sistemas operativos convidados.

Existem dois tipos principais de hipervisor: Tipo I e Tipo II. A Figura 2.6 mostra os diferentes tipos de hipervisores.

o Os hipervisores de tipo I são executados diretamente sobre o hardware.

o O hipervisor de tipo I substitui os sistemas operativos e interage diretamente com a interface ISA exposta pelo hardware subjacente, emulando essa interface para permitir a gestão dos sistemas operativos convidados.

Este tipo de hipervisor é também designado por máquina virtual nativa, uma vez que é executado nativamente no hardware.

Os hipervisores de tipo II requerem o suporte de um sistema operativo para fornecer serviços de virtualização.

Isto significa que são programas geridos pelo sistema operativo, que interagem com ele através da ABI e emulam a ISA do hardware virtual para os sistemas operativos convidados.

Este tipo de hipervisor é também designado por máquina virtual alojada, uma vez que está alojado num sistema operativo.

2.6.2 Técnicas de virtualização de hardware

A virtualização de hardware fornece um ambiente de execução abstrato através da virtualização assistida por hardware, virtualização total, virtualização para e virtualização parcial
técnicas.

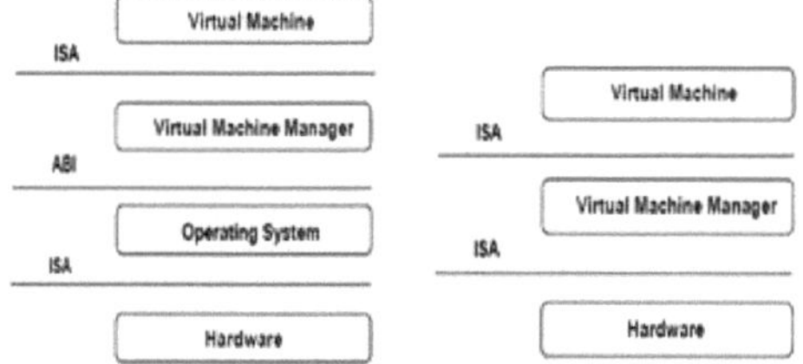

Fig 2.6 Máquina virtual hospedada e máquina virtual nativa

2.6.2.1 Virtualização assistida por hardware

A virtualização assistida por hardware refere-se a um cenário em que o hardware fornece suporte arquitetónico para a construção de um gestor de máquinas virtuais capaz de executar um sistema operativo convidado em completo isolamento.

Esta técnica foi originalmente introduzida no IBM System/370.

Atualmente, exemplos de virtualização assistida por hardware são as extensões da arquitetura x86 introduzidas com o Intel-VT (anteriormente conhecido como Vanderpool) e o AMD-V (anteriormente conhecido como Pacifica).

Estas extensões, que diferem entre os dois fornecedores, destinam-se a reduzir as penalizações de desempenho sofridas pela emulação de hardware x86 com hipervisores.

Antes da introdução da virtualização assistida por hardware, a emulação de software do hardware x86 era significativamente dispendiosa do ponto de vista do desempenho.

A razão para isso é que, por conceção, a arquitetura x86 não cumpria os requisitos formais introduzidos por Popek e Goldberg e os primeiros produtos utilizavam a tradução binária para capturar algumas instruções sensíveis e fornecer uma versão emulada.

Produtos como a VMware Virtual Platform, introduzida em 1999 pela VMware, que foi pioneira no domínio da virtualização x86, basearam-se nesta técnica.

Depois de 2006, a Intel e a AMD introduziram extensões de processador e uma vasta gama de soluções de virtualização tirou partido das mesmas: Máquina Virtual baseada em Kernel (KVM), Virtual Box, Xen, VMware, Hyper-V, Sun x VM, Parallels e outras.

2.6.2.2 Virtualização total

A virtualização total refere-se à capacidade de executar um programa, muito provavelmente um sistema operativo, diretamente sobre uma máquina virtual e sem qualquer modificação, como se fosse executado no hardware bruto. Para que isto seja possível, os gestores de máquinas virtuais têm de fornecer uma emulação completa de todo o hardware subjacente.

A principal vantagem da virtualização total é o isolamento completo, que conduz a uma maior segurança, à facilidade de emulação de diferentes arquitecturas e à coexistência de diferentes sistemas na mesma plataforma. Apesar de ser um objetivo desejado para muitas soluções de virtualização, a virtualização total apresenta preocupações importantes relacionadas com o desempenho e a implementação técnica.

Um desafio fundamental é a interceção de instruções privilegiadas, como as instruções de E/S: Uma vez que alteram o estado dos recursos expostos pelo anfitrião, têm de estar contidas no gestor da máquina virtual.

Uma solução simples para conseguir a virtualização total consiste em fornecer um ambiente virtual para todas as instruções, colocando assim alguns limites ao desempenho. Uma implementação bem sucedida e eficiente da virtualização total é obtida com uma combinação de hardware e software, não permitindo que instruções potencialmente prejudiciais sejam executadas diretamente no anfitrião. ### 2.6.2.3 Para virtualização

A para virtualização é uma solução de virtualização não transparente que permite a implementação de gestores de máquinas virtuais finas.

As técnicas de virtualização Para expõem uma interface de software para a máquina virtual que é ligeiramente modificada em relação ao anfitrião e, como consequência, os convidados precisam de ser modificados.

O objetivo da virtualização para é fornecer a capacidade de exigir a execução de operações de desempenho crítico diretamente no anfitrião, evitando assim perdas de desempenho que, de outro modo, se verificariam na execução gerida.

Isto permite uma implementação mais simples dos gestores de máquinas virtuais que têm simplesmente de transferir a execução destas operações, que eram difíceis de virtualizar, diretamente para o anfitrião.

Para tirar partido desta oportunidade, os sistemas operativos convidados têm de ser modificados e explicitamente portados, remapeando as operações críticas em termos de desempenho através da interface de software da máquina virtual.

Isto é possível quando o código fonte do sistema operativo está disponível, e esta é a razão pela qual a virtualização para foi explorada principalmente no ambiente académico e de código aberto.

Esta técnica tem sido utilizada com sucesso pelo Xen para fornecer soluções de virtualização para sistemas operativos baseados em Linux especificamente portados para serem executados em hipervisores Xen.

Os sistemas operativos que não podem ser portados podem ainda tirar partido da para virtualização utilizando controladores de dispositivos ad hoc que remapeiam a execução de instruções críticas para as APIs de para virtualização expostas pelo hipervisor.

O Xen fornece esta solução para executar sistemas operativos baseados no Windows em arquitecturas x86.

Outras soluções que utilizam a virtualização para incluem VM Ware, Parallels e algumas soluções para ambientes incorporados e em tempo real, como TRANGO, Wind River e XtratuM.

2.6.2.4 Virtualização parcial

A virtualização parcial fornece uma emulação parcial do hardware subjacente, não permitindo assim a execução completa do sistema operativo convidado em isolamento total.

A virtualização parcial permite que muitas aplicações sejam executadas de forma transparente, mas nem todas as funcionalidades do sistema operativo podem ser suportadas, como acontece com a virtualização total.

Um exemplo de virtualização parcial é a virtualização do espaço de endereço utilizada em sistemas de partilha de tempo; isto permite que várias aplicações e utilizadores sejam executados em simultâneo num espaço de memória separado, mas continuam a partilhar os mesmos recursos de hardware (disco, processador e rede).

Historicamente, a virtualização parcial tem sido um marco importante para alcançar a virtualização total, e foi implementada no IBM M44/44X experimental.

A virtualização do espaço de endereçamento é uma caraterística comum dos sistemas operativos contemporâneos.

2.6.3 Virtualização ao nível do sistema operativo

A virtualização ao nível do sistema operativo oferece a oportunidade de criar ambientes de execução diferentes e separados para aplicações que são geridas em simultâneo.

Ao contrário da virtualização de hardware, não existe um gestor de máquinas virtuais ou um hipervisor e a virtualização é feita num único sistema operativo em que o kernel do SO permite várias instâncias isoladas do espaço do utilizador.

O kernel é também responsável pela partilha dos recursos do sistema entre as instâncias e por limitar o impacto das instâncias umas nas outras.

Uma instância do espaço do utilizador contém, em geral, uma visão própria do sistema de ficheiros que é completamente isolada e separa os endereços IP, as configurações de software e o acesso aos dispositivos. Os sistemas operativos que suportam este tipo de virtualização são sistemas operativos de uso geral, partilhados no tempo, com a capacidade de fornecer um espaço de nomes e um isolamento de recursos mais fortes.

Esta técnica de virtualização pode ser considerada uma evolução do mecanismo cheroot nos sistemas Unix. A operação cheroot altera o diretório raiz do sistema de arquivos para um processo e seus filhos para um diretório específico.

Como resultado, o processo e os seus filhos não podem ter acesso a outras partes do sistema de ficheiros para além das acessíveis sob o novo diretório raiz.

Uma vez que os sistemas Unix também expõem os dispositivos como partes do sistema de ficheiros, ao utilizar este método é possível isolar completamente um conjunto de processos.

Seguindo o mesmo princípio, a virtualização ao nível do sistema operativo visa fornecer contentores de execução separados e múltiplos para as aplicações em execução.

Esta técnica é uma solução eficiente para cenários de consolidação de servidores em que vários servidores de aplicações partilham a mesma tecnologia: sistema operativo, estrutura do servidor de aplicações e outros componentes.

Exemplos de virtualizações ao nível do sistema operativo são FreeBSD Jails, IBM Logical Partition (LPAR), Solaris Zones and Containers, Parallels Virtuozzo Containers, Open VZ, I Core Virtual Accounts, Free Virtual Private Server (Free VPS), entre outros.

2.6.4 Virtualização ao nível da linguagem de programação

A virtualização ao nível da linguagem de programação é sobretudo utilizada para facilitar a implantação de aplicações, a execução gerida e a portabilidade entre diferentes plataformas e sistemas operativos.

Consiste numa máquina virtual que executa o código de bytes de um programa que é o resultado do processo de compilação.

Os compiladores implementaram e utilizaram esta tecnologia para produzir um formato binário que representa o código de máquina para uma arquitetura abstrata.

As caraterísticas desta arquitetura variam de implementação para implementação.

Em geral, estas máquinas virtuais constituem uma simplificação do conjunto de instruções do hardware subjacente e fornecem algumas instruções de alto nível que mapeiam algumas das caraterísticas das linguagens compiladas para elas.

Em tempo de execução, o código de bytes pode ser interpretado ou compilado em tempo real em relação ao conjunto de instruções de hardware subjacente.

A virtualização ao nível da linguagem de programação tem um longo percurso na história da informática e foi originalmente utilizada em 1966 para a implementação da Basic Combined Programming Language (BCPL), uma linguagem para escrever compiladores e um dos antepassados da linguagem de programação C.

Outros exemplos importantes da utilização desta tecnologia foram o UCSD Pascal e o Smalltalk.

As linguagens de programação para máquinas virtuais tornaram-se novamente populares com a introdução da plataforma Java pela Sun em 1996.

A máquina virtual Java foi originalmente concebida para a execução de programas escritos na linguagem Java, mas foram disponibilizadas outras linguagens como Python, Pascal, Groovy e Ruby.

A capacidade de suportar múltiplas linguagens de programação tem sido um dos elementos-chave da Infraestrutura de Linguagem Comum (CLI), que é a especificação subjacente ao .NET Framework.

2.6.5 Virtualização ao nível das aplicações

A virtualização ao nível da aplicação é uma técnica que permite que as aplicações sejam executadas em ambientes de tempo de execução que não suportam nativamente todas as funcionalidades exigidas por essas aplicações.

Neste cenário, as aplicações não são instaladas no ambiente de tempo de execução esperado, mas são executadas como se o fossem.

Em geral, estas técnicas dizem respeito sobretudo a sistemas de ficheiros parciais, bibliotecas e emulação de componentes do sistema operativo.

Essa emulação é realizada por uma camada fina chamada programa ou componente do sistema operativo que é responsável pela execução da aplicação.

A emulação também pode ser utilizada para executar binários de programas compilados para diferentes arquitecturas de hardware. Neste caso, pode ser implementada uma das seguintes estratégias:

Interpretação: Nesta técnica, cada instrução de origem é interpretada por um emulador para executar instruções ISA nativas, o que leva a um desempenho fraco. A interpretação tem um custo de arranque mínimo, mas um enorme custo indireto, uma vez que cada instrução é emulada.

Tradução binária: Nesta técnica, cada instrução de origem é convertida em instruções nativas com funções equivalentes. Após a tradução de um bloco de instruções, este é armazenado em cache e reutilizado.

A virtualização de aplicações é uma boa solução no caso de faltarem bibliotecas no sistema operativo anfitrião.

Neste caso, uma biblioteca de substituição pode ser ligada à aplicação ou as chamadas da biblioteca podem ser remapeadas para funções existentes disponíveis no sistema anfitrião.

Outra vantagem é que, neste caso, o gestor da máquina virtual é muito mais leve, uma vez que fornece uma emulação parcial do ambiente de tempo de execução em comparação com a virtualização de hardware.

Em comparação com a virtualização ao nível da programação, que funciona em todas as aplicações desenvolvidas para essa máquina virtual, a virtualização ao nível da aplicação funciona para um ambiente específico. Suporta todas as aplicações que são executadas num ambiente específico.

Uma das soluções mais populares que implementa a virtualização de aplicações é o Wine, que é uma aplicação de software que permite aos sistemas operativos do tipo Unix executar programas escritos para a plataforma Microsoft Windows.

O Wine inclui uma aplicação de software que actua como um contentor para a aplicação convidada e um conjunto de bibliotecas, denominado Winelib, que os programadores podem utilizar para compilar aplicações a serem portadas para sistemas Unix.

O Wine inspira-se num produto semelhante da Sun, o Windows Application Binary Interface (WABI), que implementa as especificações da API Win 16 no Solaris.

Uma solução semelhante para o ambiente Mac OS X é o Cross Over, que permite executar aplicações Windows diretamente no sistema operativo Mac OS X.

O VMware ThinApp é outro produto nesta área, que permite capturar a configuração de uma aplicação instalada e empacotá-la numa imagem executável isolada do sistema operativo de alojamento.

2.6.6 Outros tipos de virtualização

Para além da virtualização da execução, outros tipos de virtualização fornecem um ambiente abstrato com o qual interagir. Estes abrangem principalmente o armazenamento, a ligação em rede e a interação cliente/servidor.

2.6.6.1 Virtualização do armazenamento

A virtualização do armazenamento é uma prática de administração de sistemas que permite dissociar a organização física do hardware da sua representação lógica. Utilizando esta técnica, os utilizadores não têm de se preocupar com a localização específica dos seus dados, que podem ser identificados através de um caminho lógico. A virtualização do armazenamento permite-nos aproveitar uma vasta gama de instalações de armazenamento e representá-las num único sistema de ficheiros lógico.

Existem diferentes técnicas para a virtualização do armazenamento, sendo uma das mais populares a virtualização baseada na rede através de redes de área de armazenamento (SAN).

As SAN utilizam um dispositivo acessível em rede através de uma ligação de grande largura de banda para fornecer instalações de armazenamento.

2.6.6.2 Virtualização da rede

A virtualização de redes combina dispositivos de hardware e software específico para a criação e gestão de uma rede virtual.

A virtualização de redes pode agregar diferentes redes físicas numa única rede lógica (virtualização de redes externas) ou fornecer funcionalidades semelhantes às de uma rede a uma partição do sistema operativo (virtualização de redes internas).

O resultado da virtualização de redes externas é geralmente uma LAN virtual (VLAN). Uma VLAN é uma agregação de hosts que se comunicam entre si como se estivessem localizados no mesmo domínio de transmissão. A virtualização da rede interna é geralmente aplicada em conjunto com a virtualização ao nível do hardware e do sistema operativo, em que os convidados obtêm uma interface de rede virtual para comunicar.

Existem várias opções para implementar a virtualização da rede interna: O convidado pode partilhar a mesma interface de rede do anfitrião e utilizar o Network Address Translation (NAT) para aceder à rede; O gestor da máquina virtual pode emular e instalar no anfitrião um dispositivo de rede adicional, juntamente com o controlador. O convidado pode ter uma rede privada apenas com o convidado.

2.6.6.3 Virtualização do ambiente de trabalho

A virtualização do ambiente de trabalho abstrai o ambiente de trabalho disponível num computador pessoal para lhe dar acesso através de uma abordagem cliente/servidor.

A virtualização de ambientes de trabalho fornece o mesmo resultado da virtualização de hardware, mas serve um objetivo diferente.

À semelhança da virtualização do hardware, a virtualização do ambiente de trabalho torna acessível um sistema diferente como se estivesse nativamente instalado no anfitrião, mas este sistema é armazenado remotamente num anfitrião diferente e acedido através de uma ligação de rede.

Além disso, a virtualização do ambiente de trabalho resolve o problema de tornar o mesmo ambiente de trabalho acessível a partir de qualquer lugar.

Embora o termo virtualização do ambiente de trabalho se refira estritamente à capacidade de aceder remotamente a um ambiente de trabalho, geralmente o ambiente de trabalho é armazenado num servidor remoto ou num centro de dados que fornece uma infraestrutura de elevada disponibilidade e assegura a acessibilidade e a persistência dos dados.

Neste cenário, uma infraestrutura que suporte a virtualização de hardware é fundamental para fornecer acesso a vários ambientes de trabalho alojados no mesmo servidor.

Um ambiente de trabalho específico é armazenado numa imagem de máquina virtual que é carregada e iniciada a pedido quando um cliente se liga ao ambiente de trabalho.

Este é um cenário típico de computação em nuvem em que o utilizador utiliza a infraestrutura virtual para realizar as tarefas diárias no seu computador.

As vantagens da virtualização de ambientes de trabalho são a elevada disponibilidade, a persistência, a acessibilidade e a facilidade de gestão.

Os serviços básicos para aceder remotamente a um ambiente de trabalho estão implementados em componentes de software como os Serviços Remotos do Windows, VNC e X Server.

As infra-estruturas para virtualização de ambientes de trabalho baseadas em soluções de computação em nuvem incluem a Sun Virtual Desktop Infrastructure (VDI), a Parallels Virtual Desktop Infrastructure (VDI), a Citrix Xen Desktop, entre outras.

2.6.6.4 Virtualização do servidor de aplicações

A virtualização do servidor de aplicações abstrai uma coleção de servidores de aplicações que fornecem os mesmos serviços que um único servidor de aplicações virtual, utilizando estratégias de equilíbrio de carga e fornecendo uma infraestrutura de elevada disponibilidade para os serviços alojados no servidor de aplicações. Esta é uma forma particular de virtualização e serve o mesmo objetivo da virtualização do armazenamento, fornecendo uma melhor qualidade de serviço em vez de emular um ambiente diferente.

2.7 Níveis de implementação da virtualização

A virtualização é uma tecnologia de arquitetura informática através da qual várias máquinas virtuais (VMs) são multiplexadas na mesma máquina de hardware. O objetivo de uma VM é aumentar a partilha de recursos por muitos utilizadores e melhorar o desempenho do computador em termos de utilização de recursos e flexibilidade das aplicações.

Os recursos de hardware (CPU, memória, dispositivos de E/S) ou de software (sistema operativo e bibliotecas de software) podem ser virtualizados em várias camadas funcionais. A ideia é separar o hardware do software para obter uma melhor eficiência do sistema.

Do mesmo modo, as técnicas de virtualização podem ser aplicadas para melhorar a utilização de motores de computação, redes e armazenamento.

Com armazenamento suficiente, qualquer plataforma de computador pode ser instalada noutro computador anfitrião, mesmo que utilizem processadores com conjuntos de instruções diferentes e funcionem com sistemas operativos distintos no mesmo hardware.

2.7.1 Níveis de implementação da virtualização

Um computador tradicional funciona com um sistema operativo anfitrião especialmente adaptado à sua arquitetura de hardware, como mostra a Figura 2.7(a).

Após a virtualização, diferentes aplicações de utilizador geridas pelos seus próprios sistemas operativos (SO convidado) podem ser executadas no mesmo hardware, independentemente do SO anfitrião. Isso geralmente é feito com a adição de software adicional, chamado de camada de virtualização, conforme mostrado na Figura 2.7 (b).

Essa camada de virtualização é conhecida como hipervisor ou monitor de máquina virtual (VMM). As VMs são mostradas nas caixas superiores, onde os aplicativos são executados com seu próprio sistema operacional convidado sobre os recursos virtualizados de CPU, memória e E/S.

A principal função da camada de software para virtualização é virtualizar o hardware físico de uma máquina host em recursos virtuais a serem usados exclusivamente pelas VMs. Isso pode ser implementado em vários níveis operacionais, como discutiremos em breve.

O software de virtualização cria a abstração das VMs através da interposição de uma camada de virtualização em vários níveis de um sistema informático.

As camadas de virtualização comuns incluem o nível da arquitetura do conjunto de instruções (ISA), o nível do hardware, o nível do sistema operativo, o nível de suporte da biblioteca e o nível da aplicação.

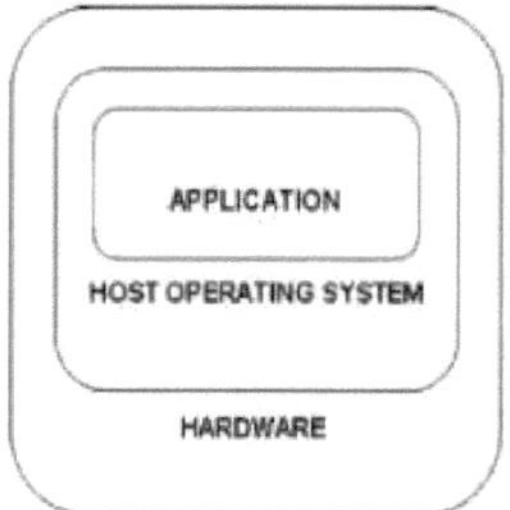

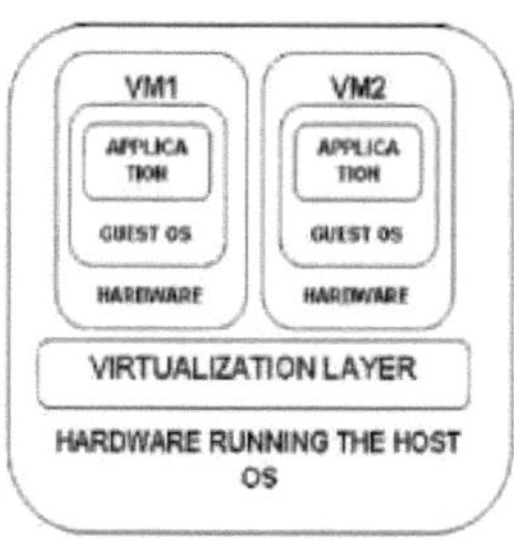

Fig 2.7 (a) Computador tradicional Fig (b) Após virtualização

2.7.2 Nível de arquitetura do conjunto de instruções

Ao nível do ISA, a virtualização é efectuada através da emulação de um determinado ISA pelo ISA da máquina anfitriã. Por exemplo, o código binário MIPS pode ser executado numa máquina anfitriã baseada em x86 com a ajuda da emulação ISA.

Com esta abordagem, é possível executar uma grande quantidade de código binário antigo escrito para vários processadores em qualquer máquina anfitriã de hardware novo. A emulação do conjunto de instruções leva à criação de ISAs virtuais em qualquer máquina de hardware.

O método básico de emulação é através da interpretação do código. Um programa de interpretação interpreta as instruções de origem para instruções de destino, uma a uma.

Uma instrução de origem pode exigir dezenas ou centenas de instruções de destino nativas para executar a sua função. Este processo é relativamente lento.

Para um melhor desempenho, é desejável uma tradução binária dinâmica. Esta abordagem traduz blocos básicos de instruções de origem dinâmica para instruções de destino.

Os blocos básicos também podem ser alargados a traços de programa ou super-blocos para aumentar a eficiência da tradução. A emulação do conjunto de instruções requer tradução binária e otimização.

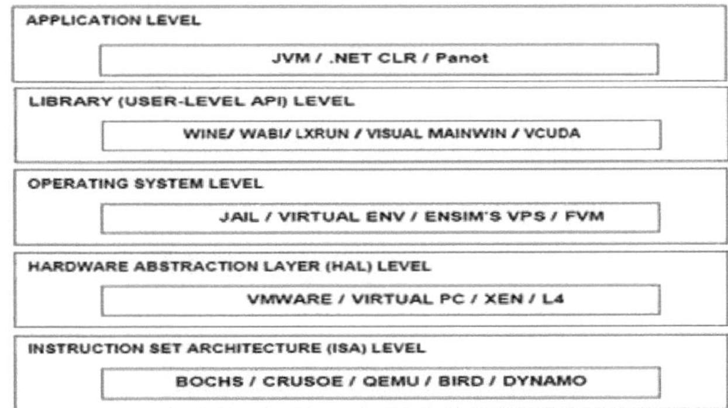

Fig 2.8 Virtualização que vai do hardware às aplicações em cinco níveis de abstração

2.7.3 Nível de abstração do hardware

A virtualização ao nível do hardware é efectuada diretamente em cima do hardware simples. Por um lado, essa abordagem gera um ambiente de hardware virtual para uma VM. Por outro lado, o processo gerencia o hardware subjacente através da virtualização.

A ideia é virtualizar os recursos de um computador, tais como os seus processadores, memória e dispositivos de E/S.

A intenção é melhorar a taxa de utilização do hardware por vários utilizadores em simultâneo.

A ideia foi implementada no IBM VM/370 na década de 1960. O hipervisor Xen tem sido aplicado para virtualizar máquinas baseadas em x86 para executar aplicações Linux ou outros sistemas operativos convidados.

2.7.4 Nível do sistema operativo

Trata-se de uma camada de abstração entre o SO tradicional e as aplicações do utilizador. A virtualização ao nível do SO cria contentores isolados num único servidor físico e as instâncias do SO para utilizar o hardware e o software nos centros de dados.

Os contentores comportam-se como servidores reais. A virtualização ao nível do SO é normalmente utilizada na criação de ambientes de alojamento virtual para atribuir recursos de hardware a um grande número de utilizadores que não confiam uns nos outros.

Também é utilizado, em menor escala, na consolidação de hardware de servidor, movendo serviços em anfitriões separados para contentores ou VMs num servidor.

A virtualização do sistema operativo insere uma camada de virtualização dentro de um sistema operativo para particionar os recursos físicos de uma máquina. Permite várias VMs isoladas dentro de um único kernel do sistema operativo.

Este tipo de VM é frequentemente designado por ambiente de execução virtual (VE), sistema privado virtual (VPS) ou simplesmente contentor.

Em comparação com a virtualização ao nível do hardware, as vantagens das extensões do SO são duplas: As VMs ao nível do sistema operativo têm custos mínimos de arranque/desligamento, baixos requisitos de recursos e elevada escalabilidade

Para uma VM ao nível do SO, é possível que uma VM e o seu ambiente anfitrião sincronizem as alterações de estado quando necessário.

Estes benefícios podem ser alcançados através de dois mecanismos de virtualização ao nível do SO:

Todas as VMs de nível de SO na mesma máquina física partilham um único kernel de sistema operativo.

A camada de virtualização pode ser concebida de forma a permitir que os processos nas VMs acedam ao maior número possível de recursos da máquina anfitriã, mas nunca os modifiquem.

Suporte de virtualização para a plataforma Linux

O Open VZ é uma ferramenta ao nível do SO concebida para suportar plataformas Linux para criar ambientes virtuais para executar VMs em diferentes sistemas operativos convidados.

O Open VZ é uma solução de virtualização baseada em contentores de código aberto construída em Linux. Para suportar a virtualização e o isolamento de vários subsistemas, a gestão de recursos limitados e o check pointing, o Open VZ modifica o kernel do Linux.

2.7.5 Nível de apoio da biblioteca

A maioria das aplicações utiliza APIs exportadas por bibliotecas ao nível do utilizador, em vez de utilizar longas chamadas de sistema do SO. Como a maioria dos sistemas fornece APIs bem documentadas, essa interface torna-se outra candidata à virtualização.

A virtualização com interfaces de biblioteca é possível controlando a ligação de comunicação entre as aplicações e o resto do sistema através de ganchos de API.

A ferramenta de software WINE implementou esta abordagem para suportar aplicações Windows em anfitriões UNIX. Outro exemplo é o CUDA, que permite que as aplicações executadas em VMs tirem partido da aceleração de hardware GPU.

A virtualização ao nível da biblioteca é também conhecida como Interface Binária de Aplicação (ABI) ao nível do utilizador ou emulação de API.

Este tipo de virtualização pode criar ambientes de execução para executar programas externos numa plataforma, em vez de criar uma VM para executar todo o sistema operativo.

A interceção e o remapeamento de chamadas API são as principais funções executadas. O WABI oferece middleware para converter chamadas de sistema Windows em chamadas de sistema Solaris.

O Lx run é realmente um emulador de chamadas de sistema que permite que aplicações Linux escritas para hosts x86 sejam executadas em sistemas UNIX.

Do mesmo modo, o Wine oferece suporte de biblioteca para virtualizar processadores x86 para executar aplicações Windows em anfitriões UNIX.

O Visual Main Win oferece um sistema de suporte de compilador para desenvolver aplicações Windows utilizando o Visual Studio para serem executadas em alguns anfitriões UNIX.

O CUDA para virtualização de GPUs de uso geral. A CUDA é um modelo de programação e uma biblioteca para GPUs de uso geral. Ela aproveita o alto desempenho das GPUs para executar aplicativos de computação intensiva em sistemas operacionais host. No entanto, é difícil executar aplicativos CUDA em VMs de nível de hardware diretamente.

A CUDA virtualiza a biblioteca CUDA e pode ser instalada em SOs convidados. Quando os aplicativos CUDA são executados em um sistema operacional convidado e fazem uma chamada para a API CUDA, a CUDA intercepta a chamada e a redireciona para a API CUDA em execução no sistema operacional host.

2.7.6 Nível da aplicação do utilizador

A virtualização no nível do aplicativo virtualiza um aplicativo como uma VM.

Num sistema operativo tradicional, uma aplicação é frequentemente executada como um processo. Portanto, a virtualização em nível de aplicativo também é conhecida como virtualização em nível de processo. A abordagem mais popular é implantar VMs de linguagem de alto nível (HLL).

Neste cenário, a camada de virtualização assenta como um programa de aplicação no topo do sistema operativo, e a camada exporta uma abstração de uma VM que pode executar programas escritos e compilados para uma definição de máquina abstrata específica.

Qualquer programa escrito na HLL e compilado para esta VM será capaz de ser executado nela. O Microsoft .NET CLR e a Java Virtual Machine (JVM) são dois bons exemplos desta classe de VM.

Outras formas de virtualização ao nível das aplicações são conhecidas como isolamento de aplicações, sandboxing de aplicações ou streaming de aplicações.

O processo envolve envolver a aplicação numa camada que está isolada do SO anfitrião e de outras aplicações. O resultado é uma aplicação que é muito mais fácil de distribuir e remover das estações de trabalho dos utilizadores.

Um exemplo é a plataforma de virtualização de aplicações LANDesk, que implementa aplicações de software como ficheiros executáveis autónomos num ambiente isolado, sem necessidade de instalação, modificações do sistema ou privilégios de segurança elevados.

2.7.7 Méritos relativos das diferentes abordagens

Nível de Implementação	Desempenho superior	Aplicação Flexibilidade	Complexidade de implementação	Aplicação Isolamento
Conjunto de instruções Arquitetura	Muito baixo	Muito elevado	Moderado	Moderado
Nível de hardware virtualização	Muito elevado	Moderado	Muito elevado	Elevado
Nível do SO virtualização	Muito elevado	Baixa	Moderado	Baixa
Nível de apoio da biblioteca	Moderado	Baixa	Baixa	Baixa
Nível de aplicação do utilizador	Baixa	Baixa	Muito elevado	Muito elevado

Tabela 2.1 Méritos relativos da virtualização em vários níveis

2.8 Estruturas, ferramentas e mecanismos de virtualização

Em geral, existem três classes típicas de arquitetura de VM.

A camada de virtualização é responsável pela conversão de partes do hardware real em hardware virtual.

Assim, diferentes sistemas operativos, como o Linux e o Windows, podem ser executados simultaneamente na mesma máquina física.

Dependendo da posição da camada de virtualização, existem várias classes de arquitecturas de VM, nomeadamente a arquitetura do hipervisor, a virtualização para e a virtualização baseada no anfitrião.

O hipervisor é também conhecido como VMM (Virtual Machine Monitor). Ambos realizam as mesmas operações de virtualização.

2.8.1 Hipervisor e arquitetura Xen

O hipervisor suporta a virtualização a nível de hardware em dispositivos bare metal, como CPU, memória, disco e interfaces de rede.

O software do hipervisor situa-se diretamente entre o hardware físico e o seu sistema operativo. Esta camada de virtualização é designada por VMM ou hipervisor.

O hipervisor fornece hiperchamadas para os sistemas operativos e aplicações convidados.

Dependendo da funcionalidade, um hipervisor pode assumir uma arquitetura de micro kernel como o Microsoft Hyper-V.

Pode assumir uma arquitetura de hipervisor monolítico como o VMware ESX para virtualização de servidores.

Um hipervisor de micro kernel inclui apenas as funções básicas e imutáveis (como a gestão da memória física e o agendamento do processador).

Os controladores de dispositivos e outros componentes alteráveis estão fora do hipervisor.

Um hipervisor monolítico implementa todas as funções supramencionadas, incluindo as dos controladores de dispositivos. Por conseguinte, o tamanho do código do hipervisor de um hipervisor de micro-kernel é inferior ao de um hipervisor monolítico.

Essencialmente, um hipervisor deve ser capaz de converter dispositivos físicos em recursos virtuais dedicados para utilização pela VM implementada.

2.8.2 Arquitetura Xen

O Xen é um programa hipervisor de código aberto desenvolvido pela Universidade de Cambridge.

O Xen é um hipervisor de microkernel, que separa a política do mecanismo.

O hipervisor Xen implementa todos os mecanismos, deixando a política para ser tratada pelo Domínio 0. A Figura 2.9 mostra a arquitetura do hipervisor Xen.

O Xen não inclui nenhum driver de dispositivo nativamente. Apenas fornece um mecanismo através do qual um SO convidado pode ter acesso direto aos dispositivos físicos.

Como resultado, o tamanho do hipervisor Xen é mantido bastante pequeno.

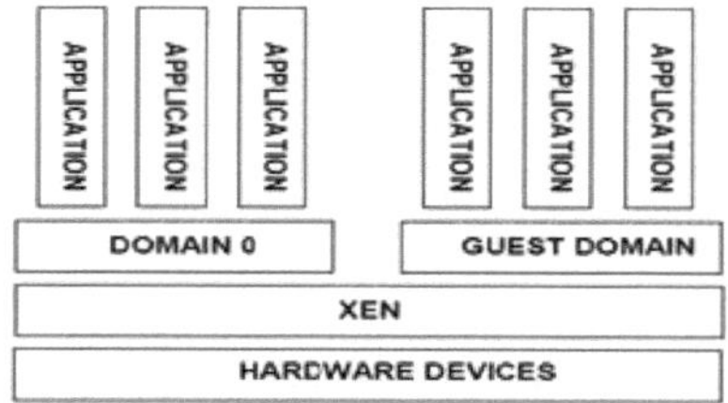

Fig 2.9 Domínio Xen 0 para controlo e E/S e domínio convidado para aplicações do utilizador.

Os componentes principais de um sistema Xen são o hipervisor, o kernel e as aplicações.

A organização dos três componentes é importante. Como outros sistemas de virtualização, muitos SOs convidados podem ser executados sobre o hipervisor.

No entanto, nem todos os SOs convidados são criados da mesma forma, e um em particular controla os outros. O SO convidado, que tem capacidade de controlo, é chamado Domínio 0, e os outros são chamados Domínio U.

O Domínio 0 é um SO convidado privilegiado do Xen. Ele é carregado pela primeira vez quando o Xen é inicializado sem que nenhum driver de sistema de arquivos esteja disponível.

O Domínio 0 foi concebido para aceder diretamente ao hardware e gerir dispositivos. Por conseguinte, uma das responsabilidades do Domínio 0 é atribuir e mapear recursos de hardware para os domínios convidados (os domínios do Domínio U).

Por exemplo, o Xen é baseado em Linux e o seu nível de segurança é C2. A sua VM de gestão tem o nome de Domínio 0, que tem o privilégio de gerir outras VMs implementadas no mesmo anfitrião.

Se o Domínio 0 for comprometido, o hacker pode controlar todo o sistema. Assim, no sistema VM, são necessárias políticas de segurança para melhorar a segurança do Domínio 0.

O Domínio 0, comportando-se como um VMM, permite aos utilizadores criar, copiar, guardar, ler, modificar, partilhar, migrar e reverter VMs tão facilmente como manipular um ficheiro, o que proporciona, de forma flexível, enormes benefícios para os utilizadores.

2.8.3 Tradução binária com virtualização total

Dependendo das tecnologias de implementação, a virtualização de hardware pode ser classificada em duas categorias: virtualização completa e virtualização baseada em host.

A virtualização total não precisa de modificar o sistema operativo anfitrião. Ela se baseia na tradução binária para capturar e virtualizar a execução de certas instruções sensíveis e não virtualizáveis.

Os sistemas operativos convidados e as suas aplicações consistem em instruções não críticas e críticas.

Num sistema baseado no anfitrião, são utilizados um SO anfitrião e um SO convidado.

É criada uma camada de software de virtualização entre o SO anfitrião e o SO convidado.

Com a virtualização total, as instruções não críticas são executadas diretamente no hardware, enquanto as instruções críticas são descobertas e substituídas por traps no VMM para serem emuladas por software.

Tanto a abordagem do hipervisor como a do VMM são consideradas virtualização total.

O VMM examina o fluxo de instruções e identifica as instruções privilegiadas, de controlo e sensíveis ao comportamento. Quando essas instruções são identificadas, elas são capturadas no VMM, que emula o comportamento dessas instruções.

O método utilizado nesta emulação é designado por tradução binária. A virtualização completa combina a tradução binária e a execução direta. Uma arquitetura VM alternativa consiste em instalar uma camada de virtualização sobre o SO anfitrião.

Este SO anfitrião continua a ser responsável pela gestão do hardware. Os SOs convidados são instalados e executados no topo da camada de virtualização. As aplicações dedicadas podem ser executadas nas VMs. Certamente, algumas outras aplicações também podem ser executadas diretamente com o SO anfitrião.

A arquitetura baseada no anfitrião tem algumas vantagens distintas, como se enumera a seguir.

o Primeiro, o utilizador pode instalar esta arquitetura de VM sem modificar o SO anfitrião.

o Em segundo lugar, a abordagem baseada no anfitrião apela a muitas configurações de máquinas anfitriãs.

2.8.4 Para virtualização com suporte de compilador

Quando o processador x86 é virtualizado, é inserida uma camada de virtualização entre o hardware e o SO. De acordo com as definições de anel do x86, a camada de virtualização também deve ser instalada no Anel 0. Instruções diferentes no Anel 0 podem causar alguns problemas.

Embora a virtualização para reduza a sobrecarga, ela incorreu em outros problemas. Primeiro, sua compatibilidade e portabilidade podem estar em dúvida, porque ela também deve suportar o sistema operacional não modificado.

Em segundo lugar, o custo de manutenção de sistemas operacionais virtualizados é alto, porque eles podem exigir modificações profundas no kernel do sistema operacional.

Por fim, a vantagem de desempenho da virtualização para varia muito devido às variações da carga de trabalho.

Em comparação com a virtualização total, a virtualização parcial é relativamente fácil e mais prática. O principal problema da virtualização completa é o seu baixo desempenho na tradução binária. O KVM é um sistema de virtualização para Linux. É uma parte do kernel Linux versão 2.6.20.

No KVM, as actividades de gestão e programação da memória são realizadas pelo kernel Linux existente.

O KVM faz o resto, o que o torna mais simples do que o hipervisor que controla toda a máquina.

KVM é uma ferramenta de virtualização assistida por hardware e para, que melhora o desempenho e suporta SOs convidados não modificados, como Windows, Linux, Solaris e outras variantes UNIX.

Ao contrário da arquitetura de virtualização completa, que intercepta e emula instruções privilegiadas e sensíveis em tempo de execução, a virtualização para trata estas instruções em tempo de compilação.

O kernel do SO convidado é modificado para substituir as instruções privilegiadas e sensíveis por hiperchamadas para o hipervisor ou VMM. O Xen assume essa arquitetura de virtualização.

O SO convidado executado num domínio convidado pode ser executado no Anel 1 em vez de no Anel 0, o que implica que o SO convidado pode não ser capaz de executar algumas instruções privilegiadas e sensíveis. As instruções privilegiadas são implementadas por hiperchamadas ao hipervisor.

2.9 Virtualização de CPU, memória e dispositivos de E/S

Para suportar a virtualização, processadores como o x86 empregam um modo de execução especial e instruções conhecidas como virtualização assistida por hardware.

Para a arquitetura x86, a Intel e a AMD possuem tecnologias proprietárias para virtualização assistida por hardware.

2.9.1 Suporte de hardware para virtualização

Os sistemas operativos e os processadores modernos permitem a execução simultânea de vários processos. Se não existir um mecanismo de proteção num processador, todas as instruções de diferentes processos acederão diretamente ao hardware e provocarão uma falha do sistema.

Todos os processadores têm pelo menos dois modos, o modo de utilizador e o modo de supervisor, para garantir o acesso controlado a hardware crítico.

As instruções executadas em modo supervisor são designadas instruções privilegiadas. As outras instruções são instruções não privilegiadas.

Num ambiente virtualizado, é mais difícil fazer com que os SOs e as aplicações funcionem corretamente porque existem mais camadas na pilha da máquina.

No momento em que este artigo foi escrito, muitos produtos de virtualização de hardware estavam disponíveis. O VMware Workstation é um pacote de software de VM para computadores x86 e x86-64.

Este conjunto de software permite aos utilizadores configurar vários computadores virtuais x86 e x86-64 e utilizar uma ou mais destas VMs em simultâneo com o sistema operativo anfitrião.

O VMware Workstation assume a virtualização baseada em host. O Xen é um hipervisor para uso em hosts IA-32, x86-64, Itanium e PowerPC 970.

Um ou mais sistemas operacionais convidados podem ser executados sobre o hipervisor. KVM é uma infraestrutura de virtualização do kernel Linux.

O KVM pode suportar virtualização assistida por hardware e paravirtualização usando o framework Intel VT-x ou AMD-v e VirtIO, respetivamente.

A estrutura VirtIO inclui uma placa Ethernet paravirtual, um controlador de E/S de disco e um dispositivo de balão para ajustar a utilização da memória do convidado e uma interface gráfica VGA utilizando controladores VMware.

2.9.2 Virtualização da CPU

Uma VM é um duplicado de um sistema informático existente em que a maioria das instruções da VM são executadas no processador anfitrião em modo nativo.

As instruções não privilegiadas das VMs são executadas diretamente na máquina anfitriã para uma maior eficiência. As instruções críticas estão divididas em três categorias: instruções privilegiadas, instruções sensíveis ao controlo e instruções sensíveis ao comportamento.

As instruções privilegiadas são executadas num modo privilegiado e serão bloqueadas se forem executadas fora desse modo.

As instruções sensíveis ao controlo tentam alterar a configuração dos recursos utilizados.

As instruções sensíveis ao comportamento têm comportamentos diferentes consoante a configuração dos recursos, incluindo as operações de carregamento e armazenamento na memória virtual.

A arquitetura da CPU é virtualizável se suportar a capacidade de executar as instruções privilegiadas e não privilegiadas da VM no modo de utilizador da CPU enquanto o VMM é executado no modo de supervisor. As instruções privilegiadas, incluindo as instruções sensíveis ao controlo e ao comportamento de uma VM, são executadas; ficam retidas no VMM.

As arquitecturas de CPU RISC podem ser virtualizadas naturalmente porque todas as instruções sensíveis ao controlo e ao comportamento são instruções privilegiadas.

As arquitecturas de CPU x86 não foram concebidas principalmente para suportar a virtualização.

2.9.2.1 Virtualização de CPU assistida por hardware

Esta técnica tenta simplificar a virtualização porque a virtualização total ou parcial é complicada.

A Intel e a AMD acrescentam um modo adicional chamado nível de modo de privilégio (algumas pessoas chamam-lhe Ring-1) aos processadores x86.

Por conseguinte, os sistemas operativos podem continuar a funcionar no anel 0 e o hipervisor pode funcionar no anel 1.

Todas as instruções privilegiadas e sensíveis são automaticamente bloqueadas no hipervisor.

Esta técnica elimina a dificuldade de implementar a tradução binária da virtualização completa. Também permite que o sistema operativo seja executado em VMs sem modificações.

2.9.3 Virtualização da memória

A virtualização da memória virtual é semelhante ao suporte de memória virtual fornecido pelos sistemas operativos modernos.

Num ambiente de execução tradicional, o sistema operativo mantém mapeamentos da memória virtual para a memória da máquina utilizando tabelas de páginas, que é um mapeamento de uma fase da memória virtual para a memória da máquina.

Todas as CPUs x86 modernas incluem uma unidade de gestão de memória (MMU) e uma memória intermédia lateral de tradução (TLB) para otimizar o desempenho da memória virtual.

No entanto, num ambiente de execução virtual, a virtualização da memória virtual envolve a partilha da memória física do sistema na RAM e a sua atribuição dinâmica à memória física das VMs.

Isto significa que o SO convidado e o VMM devem manter um processo de mapeamento em duas fases, respetivamente: memória virtual para memória física e memória física para memória da máquina.

A virtualização da MMU deve ser suportada, o que é transparente para o SO convidado. O SO convidado continua a controlar o mapeamento de endereços virtuais para os endereços de memória física das VMs.

Mas o SO convidado não pode aceder diretamente à memória real da máquina. O VMM é responsável por mapear a memória física do convidado para a memória real da máquina.

Como cada tabela de páginas dos sistemas operacionais convidados tem uma tabela de páginas separada no VMM correspondente a ela, a tabela de páginas do VMM é chamada de tabela de páginas sombra. As tabelas de páginas aninhadas adicionam outra camada de indirecção à memória virtual.

A MMU já trata das traduções de virtual para físico, conforme definido pelo SO. Em seguida, os endereços de memória física são traduzidos para endereços de máquina usando outro conjunto de tabelas de páginas definidas pelo hipervisor.

O VMware usa tabelas de páginas de sombra para realizar a conversão de endereços da memória virtual para a memória da máquina.

Os processadores utilizam hardware TLB para mapear a memória virtual diretamente para a memória da máquina para evitar os dois níveis de tradução em cada acesso.

Quando o SO convidado altera a memória virtual para um mapeamento de memória física, o VMM actualiza as tabelas de páginas sombra para permitir uma pesquisa direta.

O processador AMD Barcelona apresenta virtualização de memória assistida por hardware desde 2007. Ele fornece assistência de hardware para a tradução de endereços em dois estágios em um ambiente de execução virtual usando uma tecnologia chamada paginação aninhada.

2.9.4 Virtualização de E/S

A virtualização de E/S envolve a gestão do encaminhamento de pedidos de E/S entre dispositivos virtuais e o hardware físico partilhado.

Existem três formas de implementar a virtualização de E/S: emulação de dispositivo completa, virtualização para e E/S direta. A emulação completa de dispositivo é a primeira abordagem para virtualização de E/S. Geralmente, esta abordagem emula dispositivos bem conhecidos e do mundo real.

Todas as funções de um dispositivo ou de uma infraestrutura de barramento, como a enumeração de dispositivos, a identificação, as interrupções e o DMA, são replicadas em software.

Este software está localizado no VMM e actua como um dispositivo virtual. Os pedidos de acesso de E/S do SO convidado são retidos no VMM, que interage com os dispositivos de E/S.

Um único dispositivo de hardware pode ser partilhado por várias VMs que são executadas em simultâneo. No entanto, a emulação de software é muito mais lenta do que o hardware que emula.

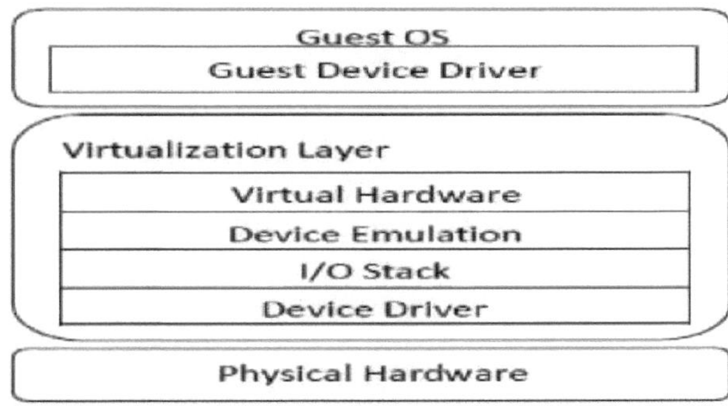

Fig 2.10 Emulação de dispositivo para virtualização de E/S

O método de virtualização para virtualização de E/S é normalmente usado no Xen. Também é conhecido como o modelo de driver dividido que consiste em um driver de frontend e um driver de backend.

O controlador de frontend está a ser executado no domínio U e o controlador de backend está a ser executado no domínio 0. Interagem entre si através de um bloco de memória partilhada.

O controlador de frontend gere os pedidos de E/S dos SO convidados e o controlador de backend é responsável pela gestão dos dispositivos de E/S reais e pela multiplexagem dos dados de E/S de diferentes VM.

Para que a virtualização de E/S alcance um melhor desempenho do dispositivo do que a emulação completa do dispositivo, ela vem com uma sobrecarga maior da CPU. A virtualização de E/S direta permite que a VM acesse os dispositivos diretamente. Ela pode alcançar um desempenho próximo ao nativo sem altos custos de CPU.

No entanto, as actuais implementações de virtualização de E/S diretas centram-se em redes para mainframes. Existem muitos desafios para os dispositivos de hardware de base.

Por exemplo, quando um dispositivo físico é recuperado (exigido pela migração da carga de trabalho) para posterior reatribuição, pode ter sido definido para um estado arbitrário (por exemplo, DMA para algumas localizações de memória arbitrárias) que pode funcionar incorretamente ou mesmo bloquear todo o sistema.

Uma vez que a virtualização de E/S baseada em software requer uma sobrecarga muito elevada de emulação de dispositivos, a virtualização de E/S assistida por hardware é fundamental.

O Intel VT-d suporta o remapeamento de transferências de E/S DMA e interrupções geradas pelo dispositivo. A arquitetura do VT-d proporciona a flexibilidade necessária para suportar vários modelos de utilização que podem executar SOs convidados não modificados, para fins especiais ou "com reconhecimento de virtualização".

Outra forma de ajudar a virtualização de E/S é através de E/S auto-virtualizada (SV-IO). A idéia principal da SV-IO é aproveitar os ricos recursos de um processador multi-core. Todas

as tarefas associadas à vitalização de um dispositivo de E/S são encapsuladas no SV-IO.
Fornece dispositivos virtuais e uma API de acesso associada a VMs e uma API de gestão para o VMM. O SV-IO define uma interface virtual (VIF) para cada tipo de dispositivo de E/S virtualizado, como interfaces de rede virtuais, dispositivos de bloco virtual (disco), dispositivos de câmara virtual,

2.9.4.1 Virtualização em processadores multi-core

A vitalização de um processador multi-core é relativamente mais complicada do que a vitalização de um processador unitcore.

A virtualização de múltiplos núcleos levantou alguns novos desafios aos arquitectos de computadores, construtores de compiladores, designers de sistemas e programadores de aplicações.

Existem principalmente duas dificuldades: Os programas de aplicação devem ser paralelizados para utilizar todos os núcleos na totalidade e o software deve atribuir explicitamente tarefas aos núcleos, o que é um problema muito complexo.

O primeiro desafio é a necessidade de novos modelos de programação, linguagens e bibliotecas para facilitar a programação paralela.

O segundo desafio deu origem a investigação sobre algoritmos de programação e políticas de gestão de recursos.

A heterogeneidade dinâmica está a surgir para misturar os núcleos de CPU e GPU no mesmo chip, o que complica ainda mais a gestão dos recursos de vários núcleos.

A heterogeneidade dinâmica da infraestrutura de hardware resulta principalmente de transístores menos fiáveis e de uma maior complexidade na utilização dos transístores.

2.9.4.2 Núcleos de processador físicos versus virtuais

Um método de virtualização de múltiplos núcleos para permitir que os projectistas de hardware obtenham uma abstração dos detalhes de baixo nível dos núcleos do processador.

Esta técnica alivia o ónus e a ineficiência da gestão dos recursos de hardware por software. Está localizada sob o ISA e não é modificada pelo sistema operativo ou pelo VMM (hipervisor).

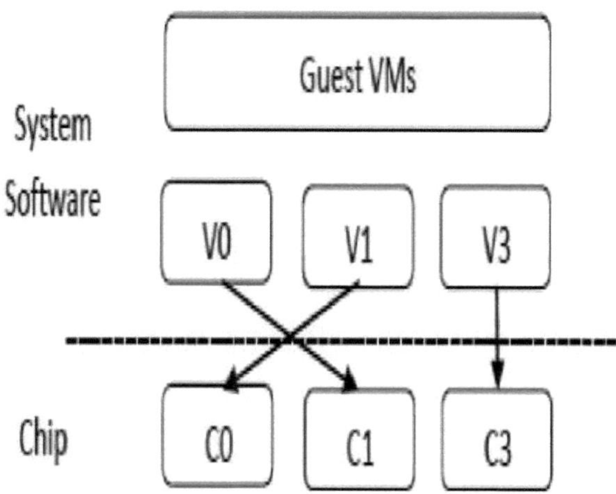

Fig 2.11 Método de virtualização de múltiplos núcleos

A Figura 2.11 ilustra a técnica da VCPU visível por software que se desloca de um núcleo para outro e suspende temporariamente a execução de uma VCPU quando não existem núcleos adequados nos quais possa ser executada.

2.9.4.3 Hierarquia virtual

Os multiprocessadores em chip de muitos núcleos (CMP) emergentes proporcionam um novo cenário de computação.

Em vez de suportar trabalhos de partilha de tempo num ou em alguns núcleos, podemos utilizar os núcleos abundantes numa partilha de espaço, em que os trabalhos de um ou vários threads são atribuídos simultaneamente a grupos separados de núcleos durante longos intervalos de tempo.

Para otimizar as cargas de trabalho partilhadas no espaço, propõem a utilização de hierarquias virtuais para sobrepor uma hierarquia de coerência e de cache a um processador físico. Uma hierarquia virtual é uma hierarquia de cache que pode se adaptar à carga de trabalho ou à combinação de cargas de trabalho.

O primeiro nível da hierarquia localiza os blocos de dados perto dos núcleos que deles necessitam para um acesso mais rápido, estabelece um domínio de cache partilhado e estabelece um ponto de coerência para uma comunicação mais rápida.

Quando uma falha sai de um tile, primeiro tenta localizar o bloco (ou compartilhadores) dentro do primeiro nível. O primeiro nível também pode fornecer isolamento entre cargas de trabalho independentes. Uma falha na cache L1 pode invocar o acesso L2.

A partilha de espaço é aplicada para atribuir três cargas de trabalho a três clusters de núcleos virtuais:

Nomeadamente, VM0 e VM3 para a carga de trabalho da base de dados, VM1 e VM2 para a carga de trabalho do servidor Web e VM4-VM7 para a carga de trabalho do middleware. Cada VM funciona de forma isolada no primeiro nível. Isso minimizará o tempo de acesso perdido e a interferência no desempenho com outras cargas de trabalho ou VMs.

Os recursos partilhados de capacidade de cache, ligações de interconexão e tratamento de erros são maioritariamente isolados entre VMs. O segundo nível mantém uma memória globalmente partilhada.

Isto facilita a repartição dinâmica de recursos sem descargas dispendiosas da cache. Uma hierarquia virtual adapta-se a cargas de trabalho com partilha de espaço, como a multiprogramação e a consolidação de servidores.

2.10 Suporte de virtualização e recuperação de desastres

Uma caraterística muito distintiva da infraestrutura de computação em nuvem é a utilização da virtualização do sistema e a modificação das ferramentas de aprovisionamento.

A virtualização de servidores num cluster partilhado pode consolidar os serviços Web. Na computação em nuvem, a virtualização também significa que os recursos e a infraestrutura fundamental são virtualizados.

O utilizador não se preocupa com os recursos informáticos que são utilizados para fornecer os serviços. Os utilizadores da nuvem não precisam de saber e não têm forma de descobrir os recursos físicos envolvidos no processamento de um pedido de serviço.

Além disso, os criadores de aplicações não se preocupam com algumas questões de infra-estruturas, como a escalabilidade e a tolerância a falhas. Os programadores de aplicações concentram-se na lógica do serviço.

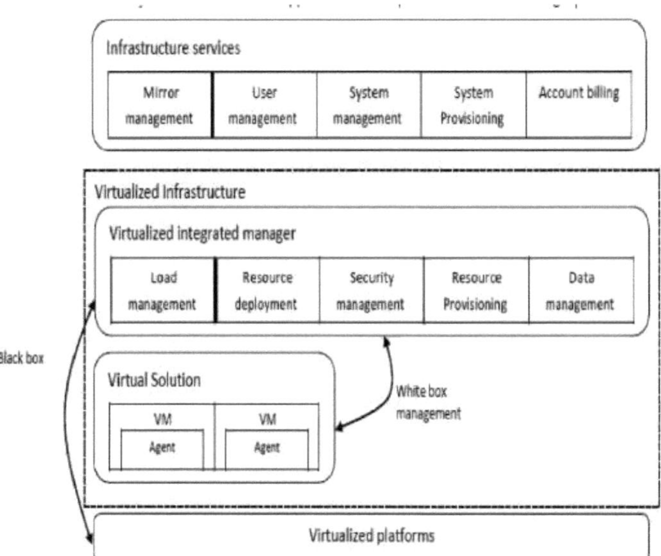

Fig 2.12 Servidores, armazenamento e rede virtualizados para a construção de plataformas em nuvem

Em muitos sistemas de computação em nuvem, o software de virtualização é utilizado para virtualizar o hardware. O software de virtualização do sistema é um tipo especial de software que simula a execução do hardware e executa até sistemas operativos não modificados.

Os sistemas de computação em nuvem utilizam a virtualização como ambiente de execução de software antigo, como sistemas operativos antigos e aplicações invulgares.

2.10.1 Virtualização de hardware

O software de virtualização é também utilizado como plataforma para o desenvolvimento de novas aplicações em nuvem que permitem aos programadores utilizar os sistemas operativos e os ambientes de programação que desejarem.

O ambiente de desenvolvimento e o ambiente de implantação podem agora ser os mesmos, o que elimina alguns problemas de tempo de execução.

As VMs fornecem serviços de tempo de execução flexíveis para libertar os utilizadores de preocupações com o ambiente do sistema.

A utilização de VMs numa plataforma de computação em nuvem garante uma flexibilidade extrema para os utilizadores. Como os recursos informáticos são partilhados por muitos utilizadores, é necessário um método para maximizar os privilégios dos utilizadores e mantê-los separados em segurança.

A partilha tradicional de recursos de clusters depende do mecanismo do utilizador e do grupo num sistema. Esta partilha não é flexível.

o Os utilizadores não podem personalizar o sistema para os seus fins especiais.

o Os sistemas operativos não podem ser alterados.

o A separação não está completa.

Um ambiente que satisfaz os requisitos de um utilizador não pode, muitas vezes, satisfazer outro utilizador. A virtualização permite-nos ter privilégios completos, mantendo-os separados.

Os utilizadores têm acesso total às suas próprias VMs, que estão completamente separadas das VMs de outros utilizadores.

Várias VMs podem ser montadas no mesmo servidor físico. Diferentes VMs podem ser executadas com diferentes sistemas operacionais. Os recursos virtualizados formam um pool de recursos.

A virtualização é efectuada por servidores especiais dedicados a gerar o conjunto de recursos virtualizados. A infraestrutura virtualizada (caixa preta no meio) é construída com muitos gestores de integração de virtualização.

Esses gerentes lidam com cargas, recursos, segurança, dados e funções de provisionamento. A Figura 2.13 mostra duas plataformas de VM. Cada plataforma executa uma solução virtual para um trabalho do usuário. Todos os serviços de nuvem são gerenciados nas caixas na parte superior.

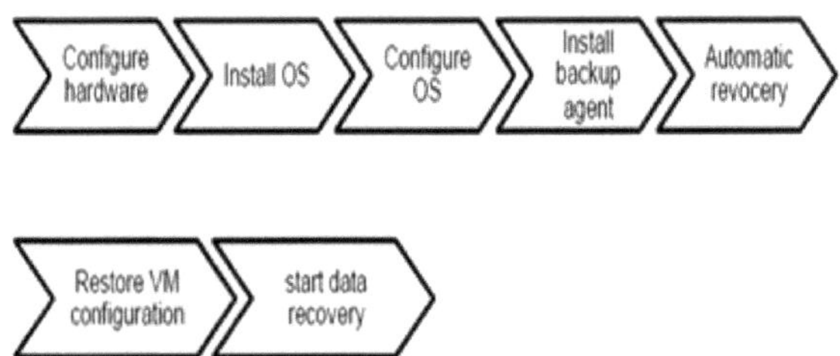

Fig 2.13 Esquema convencional de recuperação de desastres versus migração em tempo real de VMs

10.2 Suporte à virtualização em nuvens públicas

O AWS oferece uma flexibilidade extrema (VMs) para os utilizadores executarem as suas próprias aplicações.

O GAE fornece virtualização limitada ao nível da aplicação para que os utilizadores criem aplicações apenas com base nos serviços criados pela Google.

A Microsoft fornece virtualização ao nível da programação (virtualização .NET) para os utilizadores criarem as suas aplicações.

As ferramentas VMware aplicam-se a estações de trabalho, servidores e infra-estruturas virtuais. As ferramentas Microsoft são utilizadas em PCs e em alguns servidores especiais. A ferramenta Xen Enterprise aplica-se apenas a servidores baseados em Xen.

2.10.3 Virtualização para IaaS

A tecnologia de VM aumentou em ubiquidade. Isto permitiu aos utilizadores criar ambientes personalizados sobre a infraestrutura física para a computação em nuvem.

A utilização de VMs em nuvens tem as seguintes vantagens distintas:

Os administradores de sistemas consolidam cargas de trabalho de servidores subutilizados em menos servidores As VMs têm a capacidade de executar código legado sem interferir com outras APIs.

As VMs podem ser utilizadas para melhorar a segurança através da criação de "sandboxes" para executar aplicações com fiabilidade questionável

As plataformas de nuvem virtualizadas podem aplicar isolamento de desempenho, permitindo que os fornecedores ofereçam algumas garantias e melhor QoS às aplicações dos clientes.

2.10.4 Clonagem de VM para recuperação de desastres

A tecnologia VM requer um esquema avançado de recuperação de desastres. Um esquema consiste em recuperar uma máquina física através de outra máquina física.

O segundo esquema é a recuperação de uma VM por outra VM. Como mostrado na linha do tempo superior da Figura 2.13, a recuperação de desastres tradicional de uma máquina física para outra é bastante lenta, complexa e cara.

O tempo total de recuperação é atribuído à configuração do hardware, à instalação e configuração do sistema operativo, à instalação dos agentes de cópia de segurança e ao longo período de tempo para reiniciar a máquina física.

Para recuperar uma plataforma VM, os tempos de instalação e configuração do sistema operativo e dos agentes de cópia de segurança são eliminados. A virtualização ajuda na recuperação rápida de desastres através do encapsulamento de VMs. A clonagem de VMs oferece uma solução eficaz.

A ideia é criar uma VM clone num servidor remoto para cada VM em execução num servidor local. Entre todas as VMs clonadas, apenas uma precisa de estar ativa.

A VM remota deve estar em modo suspenso. Um centro de controlo da nuvem deve ser capaz de ativar esta VM clone em caso de falha da VM original, tirando um instantâneo da VM para permitir a migração em direto num período de tempo mínimo.

A VM migrada pode ser executada numa ligação à Internet partilhada. Apenas os dados actualizados e os estados modificados são enviados para a VM suspensa para atualizar o seu estado. O Objetivo de Propriedade de Recuperação (RPO) e o Objetivo de Tempo de Recuperação (RTO) são afectados pelo número de instantâneos obtidos. A segurança das VMs deve ser reforçada durante a migração em tempo real das VMs.

CAPÍTULO III

ARQUITECTURA, SERVIÇOS E ARMAZENAMENTO EM NUVEM

Conceção da arquitetura da nuvem em camadas - Arquitetura de referência da computação em nuvem do NIST - Nuvens públicas, privadas e híbridas -IaaS -PaaS -SaaS -Desafios da conceção da arquitetura - Armazenamento na nuvem -Armazenamento como serviço - Vantagens do armazenamento na nuvem -Provedores de armazenamento na nuvem -S3.

3.1 Conceção da arquitetura de nuvem em camadas

A arquitetura de uma nuvem é desenvolvida em três camadas: infraestrutura, plataforma e aplicação, conforme demonstrado na Figura 3.1.

Essas três camadas de desenvolvimento são implementadas com virtualização e padronização de recursos de hardware e software provisionados na nuvem.

Os serviços para nuvens públicas, privadas e híbridas são transmitidos aos utilizadores através do suporte de rede através da Internet e das intranets envolvidas.

É evidente que a camada de infraestrutura é implantada em primeiro lugar para suportar os serviços IaaS.

Esta camada de infraestrutura serve de base para a construção da camada de plataforma da nuvem para suportar os serviços PaaS.

Por sua vez, a camada de plataforma é uma base para a implementação da camada de aplicação para aplicações SaaS. Diferentes tipos de serviços em nuvem exigem a aplicação desses recursos separadamente.

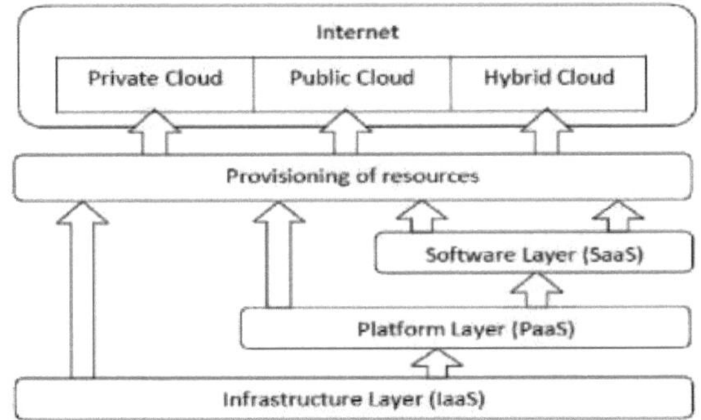

Figura 3.1 Desenvolvimento arquitetónico em camadas

A camada de infraestrutura é construída com recursos virtualizados de computação, armazenamento e rede. A abstração destes recursos de hardware destina-se a proporcionar a flexibilidade exigida pelos utilizadores.

Internamente, a virtualização permite o aprovisionamento automático de recursos e optimiza o processo de gestão da infraestrutura.

A camada de plataforma destina-se à utilização geral e repetida da coleção de recursos de software. Esta camada fornece aos utilizadores um ambiente para desenvolverem as suas aplicações, testarem os fluxos de operação e monitorizarem os resultados da execução e o desempenho.

A plataforma deve ser capaz de garantir aos utilizadores a escalabilidade, a fiabilidade e a proteção da segurança. De certa forma, a plataforma de nuvem virtualizada serve como um "middleware de sistema" entre a infraestrutura e as camadas de aplicativos da nuvem.

A camada de aplicação é formada por uma coleção de todos os módulos de software necessários para as aplicações SaaS. As aplicações de serviço nesta camada incluem o trabalho diário de gestão de escritório, como a recuperação de informações, o processamento de documentos e os serviços de calendário e autenticação.

A camada de aplicação é também muito utilizada pelas empresas no marketing e nas vendas, na gestão das relações com os consumidores (CRM), nas transacções financeiras e na gestão da cadeia de abastecimento.

Do ponto de vista do fornecedor, os serviços em vários níveis exigem diferentes quantidades de suporte de funcionalidade e gestão de recursos por parte dos fornecedores.

Em geral, o SaaS é o que exige mais trabalho do fornecedor, o PaaS está no meio e o IaaS é o que exige menos. Por exemplo, o Amazon EC2 fornece não só recursos de CPU virtualizados aos utilizadores, mas também a gestão destes recursos provisionados.

Os serviços na camada de aplicação exigem mais trabalho dos fornecedores. O melhor exemplo disto é o serviço CRM da Salesforce.com, em que o fornecedor fornece não só o hardware na camada inferior e o software na camada superior, mas também a plataforma e as ferramentas de software para o desenvolvimento e monitorização das aplicações dos utilizadores.

Na arquitetura de computação em nuvem orientada para o mercado, à medida que os consumidores confiam nos fornecedores de serviços de computação em nuvem para satisfazerem mais as suas necessidades informáticas, exigirão que os seus fornecedores mantenham um nível específico de QoS, a fim de cumprirem os seus objectivos e manterem as suas operações.

A gestão de recursos orientada para o mercado é necessária para regular a oferta e a procura de recursos de computação em nuvem, a fim de alcançar um equilíbrio de mercado entre a oferta e a procura.

Esta nuvem é basicamente construída com as seguintes entidades:
Os utilizadores ou os corretores que actuam em nome dos utilizadores enviam pedidos de serviços de qualquer parte do mundo para o centro de dados e para a nuvem para serem processados.

O examinador de pedidos garante que não há sobrecarga de recursos, pelo que muitos pedidos de serviços não podem ser satisfeitos com êxito devido a recursos limitados.

O mecanismo de fixação de preços decide como os pedidos de serviço são cobrados. Por exemplo, os pedidos podem ser cobrados com base no tempo de apresentação (pico/fora de pico), nas taxas de preços (fixas/alteradas) ou na disponibilidade de recursos (oferta/procura).

O mecanismo VM Monitor controla a disponibilidade das VMs e os seus direitos a recursos.

O mecanismo de contabilidade mantém a utilização real dos recursos pelos pedidos, para que o custo final possa ser calculado e cobrado aos utilizadores.

Além disso, a informação histórica de utilização mantida pode ser utilizada pelo examinador de pedidos de serviço e pelo mecanismo de controlo de admissão para melhorar as decisões de atribuição de recursos.

O mecanismo Dispatcher inicia a execução dos pedidos de serviço aceites nas VMs atribuídas. O mecanismo Monitor de Pedidos de Serviço controla o progresso da execução dos pedidos de serviço.

3.2 Arquitetura de referência para a computação em nuvem do NIST

NIST significa National Institute of Standards and Technology (Instituto Nacional de Normas e Tecnologia), cujo objetivo é conseguir uma computação em nuvem eficaz e segura para reduzir os custos e melhorar os serviços. O NIST é composto por seis grandes grupos de trabalho específicos para a computação em nuvem

Transportadora em nuvem

o Grupo de trabalho sobre casos de utilização empresarial-alvo da computação em nuvem

o Grupo de trabalho para a arquitetura de referência e a taxonomia da computação em nuvem

o Grupo de trabalho do roteiro das normas de computação em nuvem

o Grupo de trabalho SAJACC (Standards Acceleration to Jumpstart Adoption of Cloud Computing) para a computação em nuvem

o Grupo de trabalho sobre segurança da computação em nuvem

• Objectivos da arquitetura de referência da computação em nuvem do NIST

o Ilustrar e compreender os vários níveis de serviços

o Para fornecer referências técnicas

o Categorizar e comparar serviços de computação em nuvem

o Análise da segurança, da capacidade inter-operacional e da portabilidade

• Em geral, o NIST elabora um relatório para referência futura que inclui um inquérito, uma análise do modelo de referência de computação em nuvem existente, fornecedores e agências federais.

• A arquitetura concetual de referência apresentada na figura 3.2 envolve cinco actores. Cada ator, enquanto entidade, participa na computação em nuvem

Consumidor de nuvem: Uma pessoa ou uma organização que mantém uma relação comercial e utiliza um serviço de fornecedores de serviços em nuvem.

Fornecedor de serviços em nuvem: Uma pessoa, organização ou entidade responsável por disponibilizar um serviço às partes interessadas.

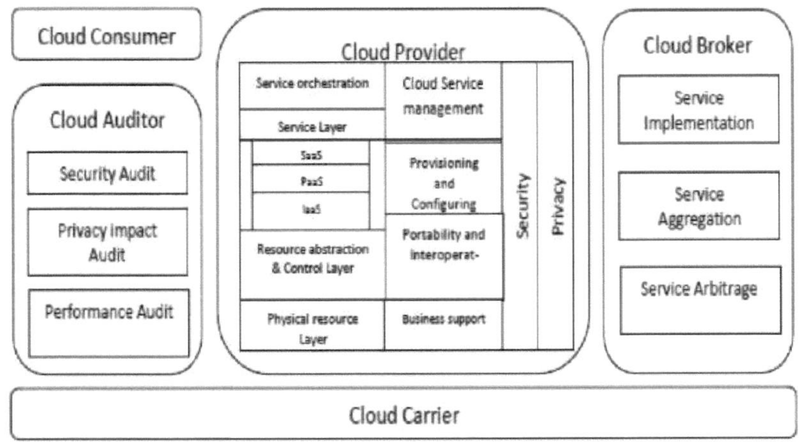

Fig 3.2 Modelo concetual de referência

Auditor de nuvem: Uma parte que efectua uma avaliação independente dos serviços de computação em nuvem, do funcionamento do sistema de informação, do desempenho e da segurança da implementação da computação em nuvem

Corretor de nuvem: Uma entidade que gere o desempenho e a prestação de serviços em nuvem e negoceia a relação entre o fornecedor e o consumidor de serviços em nuvem.

Transportador de nuvem: Um intermediário que fornece conetividade e transporte de serviços de computação em nuvem dos fornecedores de computação em nuvem para os consumidores.

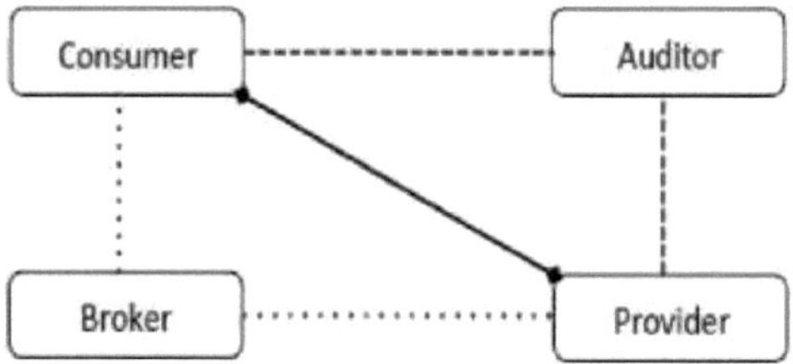

Fig 3.3 Interação entre os actores

A figura 3.3 ilustra a interação comum existente entre o consumidor e o fornecedor de serviços de computação em nuvem, em que o corretor é utilizado para prestar serviços ao consumidor e o auditor recolhe as informações de auditoria.

A interação entre os actores pode conduzir a diferentes cenários de casos de utilização. A Figura 3.4 mostra um tipo de cenário em que o consumidor de serviços em nuvem pode solicitar um serviço a um corretor de serviços em nuvem em vez de contactar diretamente o fornecedor de serviços. Neste caso, um corretor de nuvem pode criar um novo serviço combinando vários serviços.

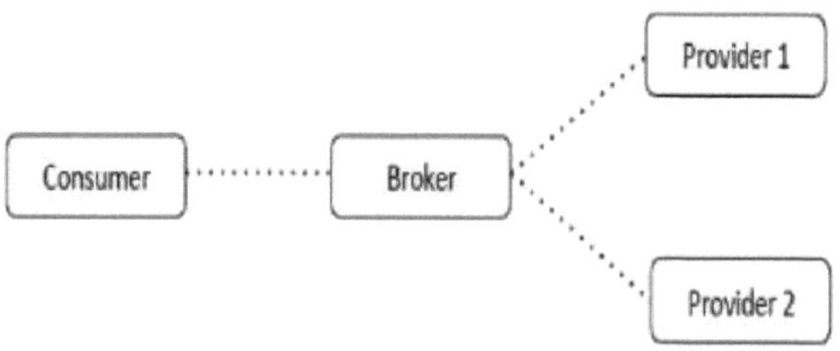

Fig 3.4 Serviço do Cloud Broker

A figura 3.5 ilustra a utilização de diferentes tipos de acordos de nível de serviço (SLA) entre o consumidor, o fornecedor e o operador.

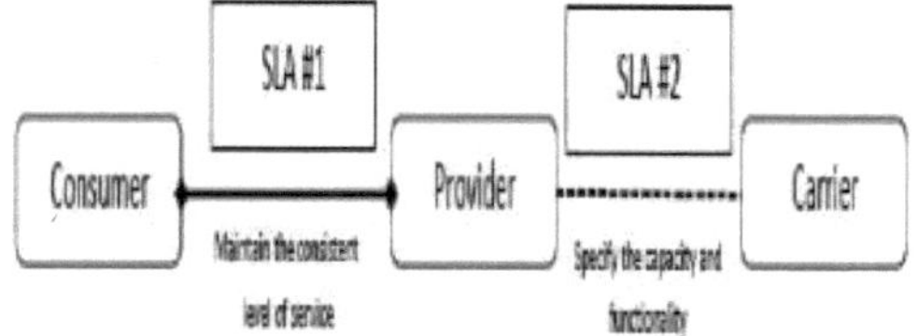

Fig 3.5 SLA múltiplo entre actores

A Figura 3.6 mostra o cenário em que o auditor de nuvem efectua uma avaliação independente da operação e da segurança da implementação do serviço de nuvem.

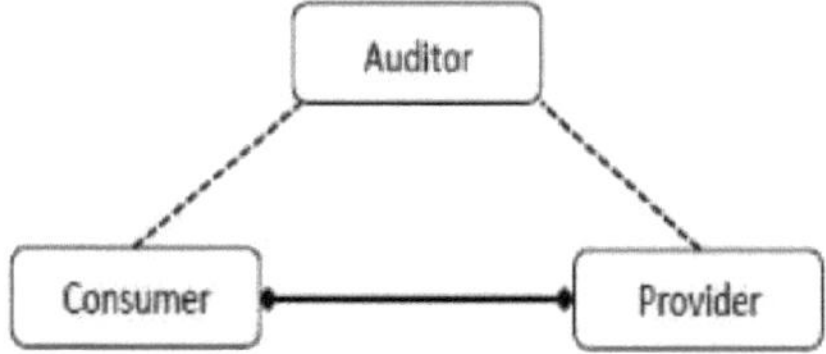

Fig 3.6 Avaliações independentes efectuadas pelo auditor da nuvem

O consumidor de serviços de computação em nuvem é o principal interessado no serviço de computação em nuvem e exige acordos de nível de serviço para especificar os requisitos de desempenho cumpridos por um fornecedor de serviços de computação em nuvem.

O acordo de nível de serviço abrange os aspectos da qualidade do serviço e da segurança. Os consumidores têm direitos limitados de acesso às aplicações informáticas. Existem três tipos de consumidores de serviços em nuvem: Consumidores de SaaS, consumidores de PaaS e consumidores de IaaS.

Os consumidores de SaaS são membros que acedem diretamente à aplicação de software. Por exemplo, a gestão de documentos, a gestão de conteúdos, as redes sociais, a faturação financeira e assim por diante.

Os consumidores de PaaS são utilizados para implementar, testar, desenvolver e gerir aplicações alojadas em ambiente de nuvem. A implantação, o desenvolvimento e o teste de aplicações de bases de dados é um exemplo deste tipo de consumidor.

O consumidor de IaaS pode aceder ao computador virtual, ao armazenamento e à infraestrutura de rede. Por exemplo, a utilização da instância Amazon EC2 para implementar a aplicação Web.

Por outro lado, os fornecedores de serviços de computação em nuvem têm todos os direitos de acesso às aplicações de software. No modelo de software como serviço, o fornecedor de serviços de computação em nuvem está autorizado a configurar, manter e atualizar as operações da aplicação de software.

O processo de gestão é efectuado através de um ambiente de desenvolvimento integrado e de um kit de desenvolvimento de software no modelo de plataforma como serviço. O modelo de infraestrutura como serviço abrange o sistema operativo e as redes. Normalmente, a camada de serviço define as interfaces para os consumidores da nuvem acederem aos serviços de computação.

A camada de abstração e controlo de recursos contém os componentes do sistema que o fornecedor de serviços de computação em nuvem utiliza para fornecer e gerir o acesso aos recursos informáticos físicos através da abstração de software.

A abstração de recursos abrange a gestão de máquinas virtuais e a gestão de armazenamento virtual. A camada de controlo centra-se na atribuição de recursos, no controlo do acesso e na monitorização da utilização. A camada de recursos físicos inclui recursos de computação física, como CPU, memória, router, switch, firewalls e unidade de disco rígido.

A orquestração de serviços descreve a organização, a coordenação e a gestão automatizadas de sistemas informáticos complexos. Na gestão de serviços em nuvem, o apoio comercial implica o conjunto de serviços relacionados com as empresas que lidam com o consumidor e os serviços de apoio, que incluem a gestão de conteúdos, a gestão de contratos, a gestão de inventários, o serviço de contabilidade, o serviço de elaboração de relatórios e o serviço de classificação.

O aprovisionamento de equipamentos, cablagem e transmissão é obrigatório para configurar um novo serviço que fornece uma aplicação específica ao consumidor da nuvem. Estes pormenores são descritos na gestão do aprovisionamento e da configuração.

A portabilidade impõe a capacidade de trabalhar em mais do que um ambiente informático sem grandes problemas. Do mesmo modo, a interpretabilidade significa a capacidade de o sistema funcionar com outro sistema. O fator segurança é aplicável às empresas e à administração pública. Pode incluir a privacidade.

A privacidade aplica-se aos direitos de um consumidor de serviços em nuvem de proteger as suas informações de outros consumidores ou partes. O principal objetivo da segurança e da privacidade na gestão de serviços em nuvem é proteger o sistema de clientes vulneráveis.

O auditor de nuvem efectua avaliações independentes entre os serviços e o corretor de nuvem actua como módulo intermédio. A intermediação de serviços melhora um determinado serviço, melhorando algumas capacidades específicas e fornecendo serviços de valor acrescentado aos consumidores da nuvem,

A agregação de serviços permite a integração de dados. O corretor de nuvem combina e integra vários serviços em um ou mais serviços novos. Devido à arbitragem de serviços, o corretor de nuvem tem flexibilidade para escolher serviços de vários fornecedores.

O transportador de serviços em nuvem é um intermediário que fornece conetividade e transporte de serviços em nuvem entre o consumidor e o fornecedor de serviços em nuvem.

Fornece acesso ao consumidor da nuvem com a ajuda da rede, das telecomunicações e de outros dispositivos de acesso, enquanto a distribuição é efectuada com o agente de transporte,

O agente de transporte é a organização empresarial que fornece o transporte físico dos suportes de armazenamento.

3.3 Modelo de implementação da nuvem

Conforme identificado na definição de computação em nuvem do NIST, uma infraestrutura de nuvem pode ser operada em um dos seguintes modelos de implantação: nuvem pública, nuvem privada, nuvem comunitária ou nuvem híbrida.

As diferenças baseiam-se na forma como os recursos informáticos são exclusivos de um consumidor de serviços em nuvem.

3.3.1 Nuvem pública

Uma nuvem pública é aquela em que a infraestrutura de nuvem e os recursos de computação são disponibilizados ao público em geral através de uma rede pública.

Uma nuvem pública é propriedade de uma organização que vende serviços de nuvem e serve um conjunto diversificado de clientes.

A Figura 3.7 apresenta uma visão simples de uma nuvem pública e dos seus clientes.

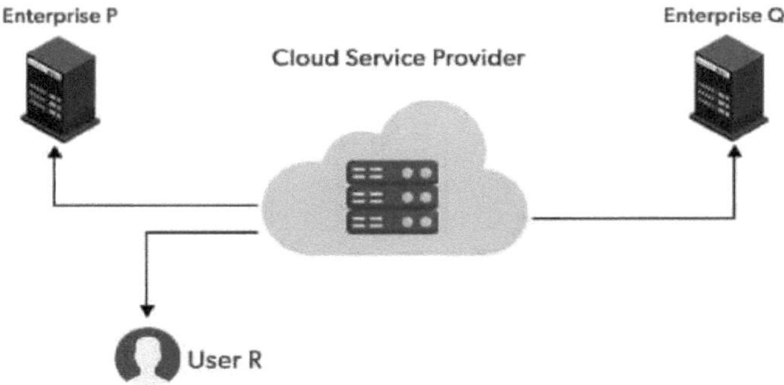

Fig 3.7 Nuvem pública

3.3.1.1 Vantagens de escolher uma Nuvem Pública

Uma das principais vantagens da utilização de serviços de nuvem pública é a escalabilidade quase ilimitada. Os recursos são praticamente oferecidos com base na procura. Assim, quaisquer alterações no nível de atividade podem ser tratadas muito facilmente. Isto, por sua vez, traz consigo uma boa relação custo-eficácia. A nuvem pública permite a agregação de um grande número de recursos e os utilizadores beneficiam das poupanças de operações em grande escala.

Existem muitos serviços, como o Google Drive, que são oferecidos gratuitamente. Por último, a vasta rede de servidores envolvida nos serviços de nuvem pública significa que pode beneficiar de uma maior fiabilidade. Mesmo que um centro de dados falhe completamente, a rede simplesmente redistribui a carga entre os restantes, o que torna altamente improvável que a nuvem pública falhe.

Em resumo, os benefícios da nuvem pública são:

o Fácil escalabilidade

o Custo-eficácia

o Aumento da fiabilidade

3.3.1.2 Desvantagens de escolher uma Nuvem Pública

É claro que existem desvantagens na utilização de serviços de nuvem pública. No topo da lista está o facto de a segurança dos dados armazenados numa nuvem pública ser motivo de preocupação. É muitas vezes visto como uma vantagem o facto de a nuvem pública não ter restrições geográficas, facilitando o acesso a partir de qualquer lugar, mas, por outro lado, isto pode significar que o servidor se encontra num país diferente, que é regido por um conjunto totalmente diferente de regulamentos de segurança e/ou privacidade.

Isto pode significar que os seus dados não são assim tão seguros, pelo que não é sensato utilizar serviços de nuvem pública para dados sensíveis.

3.3.2 Nuvem privada

Uma nuvem privada dá a uma única organização de consumidores de nuvem o acesso e a utilização exclusivos da infraestrutura e dos recursos computacionais.

Pode ser gerida pela organização do consumidor de serviços em nuvem ou por um terceiro e pode ser alojada nas instalações da organização (ou seja, nuvens privadas no local) ou

subcontratada a uma empresa de alojamento (ou seja, nuvens privadas subcontratadas).
A Figura 3.8 apresenta uma nuvem privada no local e uma nuvem privada subcontratada, respetivamente.

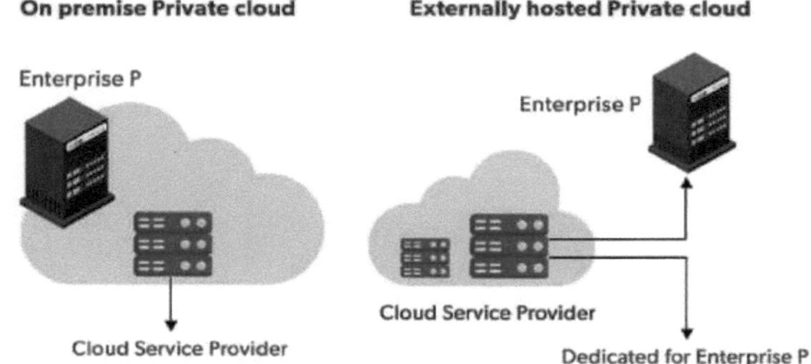

Fig 3.8 Nuvem privada

3.3.2.1 Vantagens de escolher uma Nuvem Privada

A principal vantagem de escolher uma nuvem privada é o maior nível de segurança oferecido, o que a torna ideal para utilizadores empresariais que necessitam de armazenar e/ou processar dados sensíveis. Um bom exemplo é uma empresa que lida com informações financeiras, como um banco ou uma instituição de crédito, que é obrigada por lei a utilizar um armazenamento interno seguro para armazenar as informações dos consumidores.

Com uma nuvem privada, isto pode ser conseguido ao mesmo tempo que permite à organização beneficiar da computação em nuvem. Os serviços de nuvem privada também oferecem algumas outras vantagens para os utilizadores empresariais, incluindo um maior controlo sobre o servidor, permitindo que este seja adaptado às suas próprias preferências e estilos internos. Embora isto possa remover algumas das opções de escalabilidade, os fornecedores de nuvens privadas oferecem frequentemente o que é conhecido como "cloud bursting", ou seja, quando os dados não sensíveis são transferidos para uma nuvem pública para libertar espaço na nuvem privada no caso de um aumento significativo da procura até que a nuvem privada possa ser expandida.

Em resumo, os principais benefícios da nuvem privada são:

o Segurança melhorada

o Maior controlo sobre o servidor

o Flexibilidade sob a forma de Cloud Bursting

3.3.2.2 Desvantagens da escolha de uma Nuvem Privada

As desvantagens dos serviços de nuvem privada incluem um custo inicial mais elevado, embora, a longo prazo, muitos proprietários de empresas considerem que este valor se compensa e se torna efetivamente mais rentável do que a utilização da nuvem pública.

Também é mais difícil aceder aos dados armazenados numa nuvem privada a partir de locais remotos devido às medidas de segurança reforçadas.

3.3.3 Nuvem comunitária

Uma nuvem comunitária serve um grupo de consumidores de nuvem que partilham preocupações como objectivos de missão, segurança, privacidade e política de conformidade, em vez de servir uma única organização, como acontece com uma nuvem privada.

Semelhante às nuvens privadas, uma nuvem comunitária pode ser gerida pelas organizações ou por terceiros e pode ser implementada nas instalações do cliente (ou seja, nuvem comunitária no local) ou subcontratada a uma empresa de alojamento (ou seja, nuvem comunitária subcontratada).

A Figura 3.9 (a) mostra uma nuvem comunitária no local composta por uma série de organizações participantes.

Um consumidor da nuvem pode aceder aos recursos locais da nuvem e também aos recursos de outras organizações participantes através das ligações entre as organizações associadas.

A Figura 3.9 (b) mostra uma nuvem comunitária terceirizada, onde o lado do servidor é terceirizado para uma empresa de hospedagem. Nesse caso, uma nuvem comunitária terceirizada constrói sua infraestrutura fora do local e atende a um conjunto de organizações que solicitam e consomem serviços de nuvem.

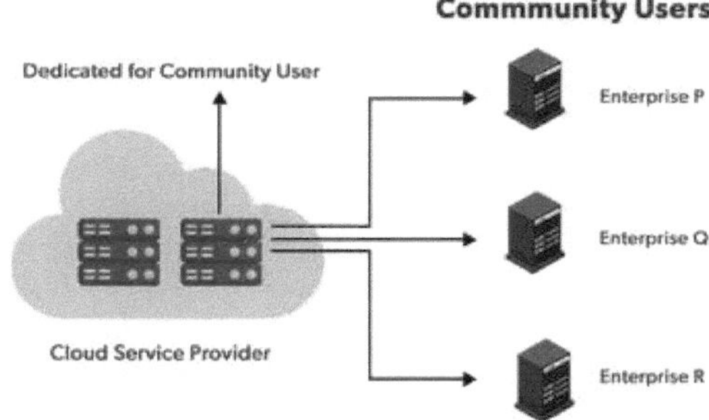

Fig 3.9 Nuvem comunitária

3.3.3.1 Benefícios da escolha de uma Nuvem Comunitária

Capacidade de partilhar e colaborar facilmente

Custo mais baixo

3.3.3.2 Desvantagens da escolha de uma nuvem comunitária

Não é a escolha certa para todas as organizações

Adoção lenta até à data

3.3.4 Nuvem híbrida

Uma nuvem híbrida é uma composição de duas ou mais nuvens (privada no local, comunitária no local, privada fora do local, comunitária fora do local ou pública) que permanecem como entidades distintas, mas estão ligadas entre si por uma tecnologia padronizada ou proprietária que permite a portabilidade de dados e aplicações.

A Figura 3.10 ilustra uma visão simples de uma nuvem híbrida que poderia ser construída com um conjunto de nuvens nas cinco variantes do modelo de implantação.

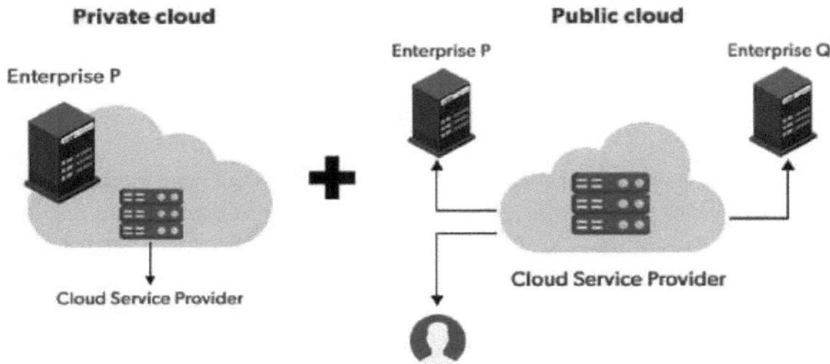

Fig 3.10 Nuvem híbrida

3.4 Modelo de serviço em nuvem

O desenvolvimento da computação em nuvem introduz o conceito de tudo como um serviço (XaaS). Este é um dos elementos mais importantes da computação em nuvem

Os serviços de computação em nuvem de diferentes fornecedores podem ser combinados para fornecer uma solução completamente integrada que abranja toda a pilha de computação de um sistema.

Os fornecedores de IaaS podem oferecer o bare metal em termos de máquinas virtuais onde as soluções PaaS são implementadas. Quando não há necessidade de uma camada PaaS, é possível personalizar diretamente a infraestrutura virtual com a pilha de software necessária para executar aplicações.

É o caso das quintas Web virtuais: um sistema distribuído composto por servidores Web, servidores de bases de dados e equilibradores de carga sobre os quais é instalado software pré-embalado para executar aplicações Web.

Outras soluções fornecem imagens de sistema pré-embaladas que já contêm a pilha de software necessária para as utilizações mais comuns: Servidores Web, servidores de bases de dados ou pilhas LAMP.

Para além das capacidades básicas de gestão de máquinas virtuais, podem ser fornecidos serviços adicionais, incluindo geralmente os seguintes:

o Atribuição baseada em recursos SLA

o Gestão do volume de trabalho

o Apoio à conceção de infra-estruturas através de interfaces Web avançadas

o Integrar soluções IaaS de terceiros

A Figura 3.11 apresenta uma visão global dos componentes que formam uma solução de infraestrutura como serviço.

É possível distinguir três camadas principais:

o Infra-estruturas físicas

o Infraestrutura de gestão de software

o Interface do utilizador

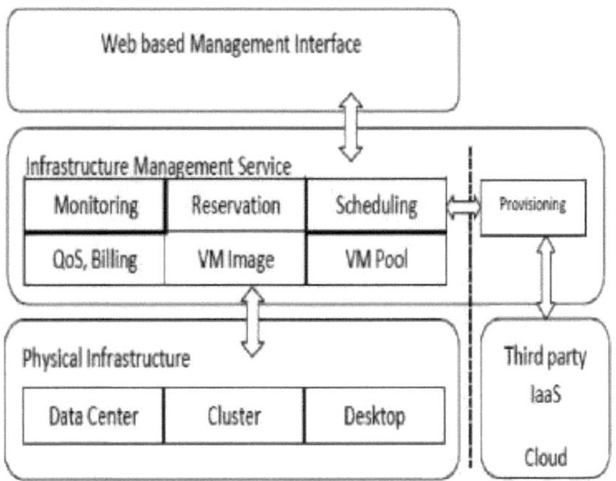

Fig 3.11 Implementação de referência da IaaS

Na camada superior, a interface do utilizador dá acesso aos serviços expostos pela infraestrutura de gestão do software.

Essa interface baseia-se geralmente em tecnologias Web 2.0: Serviços Web, APIs RESTful e mash ups.

Os serviços Web e as API RESTful permitem que os programas interajam com o serviço sem intervenção humana, proporcionando assim uma integração completa num sistema de software.

As principais caraterísticas de uma solução IaaS são implementadas na camada de software de gestão da infraestrutura.

Em particular, a gestão das máquinas virtuais é a função mais importante desempenhada por esta camada.

Um papel central é desempenhado pelo programador, que é responsável pela atribuição da execução de instâncias de máquinas virtuais.

O programador interage com os outros componentes, tais como

o Componente de preços e faturação

o Componente de controlo

o Componente de reserva

o Componente de gestão QoS/SLA

o Componente do repositório VM

o Componente do gestor de pool de VM

o Componente de provisionamento

A camada inferior é composta pela infraestrutura física, sobre a qual funciona a camada de gestão.

De um ponto de vista arquitetónico, a camada física também inclui os recursos virtuais que são alugados a fornecedores externos de IaaS.

No caso das soluções IaaS completas, os três níveis são oferecidos como serviço.

Este é geralmente o caso dos fornecedores de nuvens públicas, como a Amazon, GoGrid, Joyent, Rightscale, Terremark, Rackspace, Elastic Hosts e Flexiscale, que possuem grandes centros de dados e dão acesso às suas infra-estruturas de computação utilizando uma abordagem IaaS.

3.4.1 IaaS

As soluções de Infraestrutura ou Hardware como Serviço (IaaS/HaaS) são o segmento de mercado mais popular e desenvolvido da computação em nuvem. Fornecem infra-estruturas personalizáveis a pedido.

As opções disponíveis no âmbito da oferta IaaS vão desde servidores individuais a infra-estruturas completas, incluindo dispositivos de rede, equilibradores de carga, servidores de bases de dados e servidores Web.

A principal tecnologia utilizada para fornecer e implementar estas soluções é a virtualização do hardware: uma ou mais máquinas virtuais oportunamente configuradas e interligadas definem o sistema distribuído sobre o qual as aplicações são instaladas e implementadas.

As máquinas virtuais constituem também os componentes atómicos que são implementados e tarifados de acordo com as caraterísticas específicas do hardware virtual: memória, número de processadores e armazenamento em disco.

As soluções IaaS/HaaS trazem todos os benefícios da virtualização de hardware: particionamento de cargas de trabalho, isolamento de aplicações, sandboxing e ajuste de hardware.

Do ponto de vista do prestador de serviços, a IaaS/HaaS permite uma melhor exploração da infraestrutura de TI e proporciona um ambiente mais seguro para a execução de aplicações de terceiros.

Do ponto de vista do cliente, reduz os custos de administração e manutenção, bem como os custos de capital afectados à aquisição de hardware.

Ao mesmo tempo, os utilizadores podem tirar partido da personalização total oferecida pela virtualização para implementar a sua infraestrutura na nuvem.

3.4.2 PaaS

As soluções de plataforma como serviço (PaaS) fornecem uma plataforma de desenvolvimento e implementação para executar aplicações na nuvem.

Constituem o middleware sobre o qual as aplicações são construídas. A Figura 3.12 apresenta uma panorâmica geral dos elementos que caracterizam a abordagem PaaS. A gestão das aplicações é a principal funcionalidade do middleware.

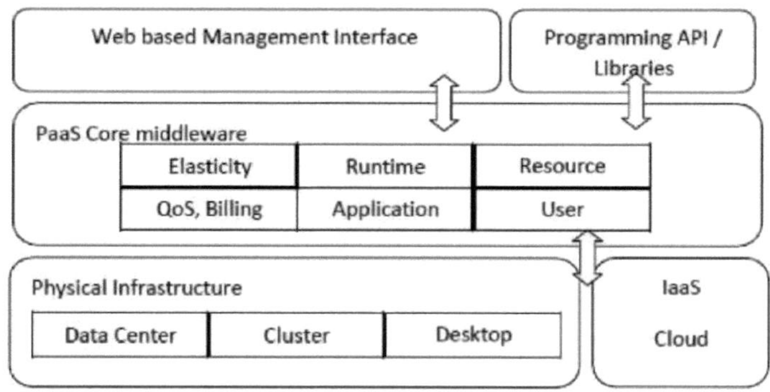

Fig 3.12 Implementação de referência da PaaS

As implementações PaaS fornecem às aplicações um ambiente de tempo de execução e não expõem qualquer serviço para gerir a infraestrutura subjacente.

Automatizam o processo de implementação de aplicações na infraestrutura, configurando componentes de aplicações, aprovisionando e configurando tecnologias de suporte, como equilibradores de carga e bases de dados, e gerindo a alteração do sistema com base em políticas definidas pelo utilizador.

O middleware central é responsável pela gestão dos recursos e pelo escalonamento das aplicações a pedido ou automaticamente, de acordo com os compromissos assumidos com os utilizadores.

Do ponto de vista do utilizador, o middleware central expõe interfaces que permitem a programação e a implantação de aplicações na nuvem. Algumas implementações fornecem uma interface totalmente baseada na Web, alojada na nuvem e oferecendo uma variedade de serviços.

É possível encontrar ambientes de desenvolvimento integrado baseados em conceitos 4GL e de programação visual ou ambientes de prototipagem rápida onde as aplicações são construídas através da montagem de mash ups e de componentes definidos pelo utilizador e sucessivamente personalizados.

Outras implementações do modelo PaaS fornecem um modelo de objeto completo para representar uma aplicação e fornecem uma abordagem baseada na linguagem de programação.

Os programadores dispõem geralmente de todo o poder de linguagens de programação como Java, .NET, Python e Ruby, com algumas restrições para proporcionar uma melhor escalabilidade e segurança.

As soluções PaaS podem oferecer middleware para o desenvolvimento de aplicações juntamente com a infraestrutura ou simplesmente fornecer aos utilizadores o software que é instalado nas instalações do utilizador.

No primeiro caso, o fornecedor de PaaS também possui grandes centros de dados onde as aplicações são executadas. No segundo caso, referido neste livro como Pure PaaS, o middleware constitui o valor central da oferta.

A implementação da PaaS é classificada em três grandes categorias:

o PaaS-I

o PaaS-II

o PaaS-III

A primeira categoria identifica as implementações de PaaS que seguem completamente o estilo de computação em nuvem para o desenvolvimento e a implantação de aplicações.

Oferecem um ambiente de desenvolvimento integrado alojado no navegador Web, onde as aplicações são concebidas, desenvolvidas, compostas e implementadas.

É o caso da Force.com e da Longjump. Ambas fornecem como plataformas a combinação de middleware e infraestrutura.

Na segunda classe, centrou-se no fornecimento de uma infraestrutura escalável para aplicações Web, principalmente sítios Web.

Neste caso, os programadores utilizam geralmente as API do fornecedor, que são construídas com base em tempos de execução industriais, para desenvolver aplicações.

O Google App Engine é o produto mais popular nesta categoria.

Fornece um tempo de execução escalável baseado nas linguagens de programação Java e Python, que foram modificadas para fornecer um ambiente de tempo de execução seguro e enriquecidas com APIs e componentes adicionais para suportar a escalabilidade.

O App Scale, uma implementação de código aberto do Google App Engine, fornece middleware compatível com a interface que tem de ser instalado numa infraestrutura física.

A terceira categoria é constituída por todas as soluções que fornecem uma plataforma de programação em nuvem para qualquer tipo de aplicação, não apenas para aplicações Web.

Entre estes, o mais popular é o Microsoft Windows Azure, que fornece uma estrutura abrangente para a criação de aplicações em nuvem orientadas para serviços com base na tecnologia .NET, alojadas nos centros de dados da Microsoft.

Outras soluções da mesma categoria, como Manjra soft Aneka, Apprenda SaaS Grid, App is try Cloud IQ Platform, Data Synapse e Giga Spaces Data Grid, fornecem apenas middleware com serviços diferentes.

Algumas caraterísticas essenciais que identificam uma solução PaaS:

Estrutura de tempo de execução: Esta estrutura representa a pilha de software do modelo PaaS e o aspeto mais intuitivo que vem à mente das pessoas quando se referem a soluções PaaS.

Abstração: As soluções PaaS distinguem-se pelo nível mais elevado de abstração que proporcionam.

Automatização: Os ambientes PaaS automatizam o processo de implementação de aplicações na infraestrutura, dimensionando-as através do fornecimento de recursos adicionais quando necessário.

Serviços em nuvem: As ofertas PaaS fornecem aos programadores e arquitectos serviços e APIs, ajudando-os a simplificar a criação e a entrega de aplicações em nuvem elásticas e altamente disponíveis.

3.4.3 SaaS

O Software as a Service (SaaS) é um modelo de fornecimento de software que permite o acesso a aplicações através da Internet como um serviço baseado na Web.

Fornece um meio de libertar os utilizadores da gestão complexa de hardware e software, transferindo essas tarefas para terceiros, que criam aplicações acessíveis a vários utilizadores através de um navegador Web.

Do lado do fornecedor, os detalhes e caraterísticas específicos da aplicação de cada cliente são mantidos na infraestrutura e disponibilizados a pedido.

O modelo SaaS é apelativo para aplicações que servem uma vasta gama de utilizadores e que podem ser adaptadas a necessidades específicas com pouca personalização adicional.

Este requisito caracteriza o SaaS como um modelo de entrega de software um-para-muitos, em que uma aplicação é partilhada por vários utilizadores.

É o caso das aplicações CRM e ERP que constituem necessidades comuns a quase todas as empresas, desde as pequenas às médias e grandes empresas.

Cada empresa terá os mesmos requisitos para as caraterísticas básicas relativas ao CRM e ao ERP e as diferentes necessidades podem ser satisfeitas através de uma maior personalização.

As aplicações SaaS são naturalmente multitenant.

A multilocação, que é uma caraterística do SaaS em comparação com o software tradicional em pacotes, permite que os fornecedores centralizem e sustentem o esforço de gestão de grandes infra-estruturas de hardware, mantendo e actualizando as aplicações de forma transparente para os utilizadores e optimizando os recursos através da partilha dos custos entre a grande base de utilizadores.

Do lado do cliente, esses custos constituem uma fração mínima da taxa de utilização paga pelo software.

A análise efectuada pela Software Information and Industry Association (SIIA) foi principalmente orientada para abranger os fornecedores de serviços de aplicações (ASP) e todas as suas variações, que captam o conceito de aplicações de software consumidas como um serviço num sentido mais lato. Os ASP já possuíam algumas das principais caraterísticas do SaaS:

o O produto vendido ao cliente é o acesso à aplicação

o A aplicação é gerida de forma centralizada

o O serviço prestado é de um para muitos

o O serviço prestado é uma solução integrada entregue no âmbito do contrato, o que significa que foi prestado de acordo com o prometido.

Os ASPs forneciam acesso a soluções de software em pacotes que atendiam às necessidades de uma variedade de clientes. Inicialmente, esta abordagem era acessível para os fornecedores de serviços, mas mais tarde tornou-se inconveniente quando o custo das personalizações e especializações aumentou.

A abordagem SaaS introduz uma forma mais flexível de fornecer serviços de aplicação que são totalmente personalizáveis pelo utilizador, integrando novos serviços, injectando os seus próprios componentes e concebendo a aplicação e os fluxos de trabalho da informação.

Inicialmente, o modelo SaaS só tinha interesse para os utilizadores principais e para os primeiros utilizadores.

Os benefícios obtidos nessa fase foram os seguintes:

o A redução dos custos de software e o custo total de propriedade (TCO) foram fundamentais

o Melhoria do nível de serviço

o Implementação rápida

o Aplicações autónomas e configuráveis

o Integração rudimentar de aplicações e dados

o Preços de subscrição e de pagamento em função do consumo (PAYG)

Com o advento da computação em nuvem, tem-se registado uma aceitação crescente do SaaS como um modelo viável de fornecimento de software.

Isto levou à transição para o SaaS 2.0, que não introduz uma nova tecnologia, mas transforma a forma como o SaaS é utilizado.

Em particular, o SaaS 2.0 está centrado no fornecimento de uma infraestrutura mais robusta e de plataformas de aplicações orientadas por SLAs.

O SaaS 2.0 centrar-se-á na rápida concretização dos objectivos comerciais. As aplicações baseadas em software como serviço podem servir diferentes necessidades. As aplicações CRM, ERP e de redes sociais são, sem dúvida, as mais populares.

O SalesForce.com é provavelmente o exemplo mais bem sucedido e popular de um serviço de CRM. Oferece uma vasta gama de serviços para aplicações: gestão de relações com clientes e de recursos humanos, planeamento de recursos empresariais e muitas outras funcionalidades.

O SalesForce.com é construído sobre a plataforma Force.com, que fornece um ambiente completo para a criação de aplicações.

Em particular, através do App Exchange, os clientes podem publicar, pesquisar e integrar novos serviços e funcionalidades nas suas aplicações existentes.

Isto torna as aplicações SalesForce.com completamente extensíveis e personalizáveis. Soluções semelhantes são oferecidas pela Net Suite e pela Right Now.

O Net Suite é um pacote de software empresarial integrado que inclui funcionalidades financeiras, de CRM, de inventário e de comércio eletrónico.

A Right Now é uma aplicação SaaS centrada na experiência do cliente que integra diferentes funcionalidades, desde o chat às comunidades Web, para apoiar a atividade comum de uma empresa

Outra classe importante de aplicações SaaS populares inclui aplicações de redes sociais, como o Facebook, e sítios de redes profissionais, como o LinkedIn.

Para além de fornecerem as funcionalidades básicas de ligação em rede, permitem incorporar e alargar as suas capacidades através da integração de aplicações de terceiros.

As aplicações de burótica são também um importante representante das aplicações SaaS:

O Google Documents e o Zoho Office são exemplos de aplicações baseadas na Web que visam responder a todas as necessidades dos utilizadores em matéria de gestão de documentos, folhas de cálculo e apresentações.

Estas aplicações oferecem uma interface baseada na Web para criar, gerir e modificar documentos que podem ser facilmente partilhados entre utilizadores e tornados acessíveis a partir de qualquer lugar.

3.5 Desafios da conceção arquitetónica

3.5.1 Desafio 1: Disponibilidade do serviço e problema de bloqueio de dados

A gestão de um serviço de nuvem por uma única empresa é frequentemente a fonte de pontos únicos de falha. Para obter HA, pode-se considerar o uso de vários provedores de nuvem. Mesmo que uma empresa tenha vários centros de dados localizados em diferentes regiões geográficas, ela pode ter uma infraestrutura de software e sistemas de contabilidade comuns.

Por conseguinte, a utilização de vários fornecedores de serviços de computação em nuvem pode proporcionar uma maior proteção contra falhas.

Outro obstáculo à disponibilidade são os ataques distribuídos de negação de serviço (DDoS). Os criminosos ameaçam cortar os rendimentos dos fornecedores de SaaS, tornando os seus serviços indisponíveis.

Alguns serviços de computação utilitária oferecem aos fornecedores de SaaS a oportunidade de se defenderem contra ataques DDoS utilizando aumentos de escala rápidos.

As pilhas de software melhoraram a interoperabilidade entre diferentes plataformas de nuvem, mas as APIs em si ainda são proprietárias. Assim, os clientes não podem extrair facilmente os seus dados e programas de um sítio para serem executados noutro.

A solução óbvia é normalizar as API para que um programador de SaaS possa implementar serviços e dados em vários fornecedores de serviços em nuvem. Isto evitará a perda de todos os dados devido à falha de uma única empresa.

Para além de atenuar as preocupações com o bloqueio de dados, a normalização das API permite um novo modelo de utilização em que a mesma infraestrutura de software pode ser utilizada tanto em nuvens públicas como privadas. Esta opção pode permitir a computação de emergência, na qual a nuvem pública é utilizada para capturar as tarefas adicionais que não podem ser facilmente executadas no centro de dados de uma nuvem privada.

3.5.2 Desafio 2: Privacidade dos dados e preocupações com a segurança

As actuais ofertas de serviços em nuvem são essencialmente redes públicas (e não privadas), expondo o sistema a mais ataques.

Muitos obstáculos podem ser ultrapassados imediatamente com tecnologias bem conhecidas, como o armazenamento encriptado, LANs virtuais e caixas intermédias de rede (por exemplo, firewalls, filtros de pacotes).

Por exemplo, o utilizador final pode encriptar os dados antes de os colocar na nuvem. Muitos países têm leis que exigem que os fornecedores de SaaS mantenham os dados dos clientes e o material protegido por direitos de autor dentro das fronteiras nacionais.

Os ataques de rede tradicionais incluem estouro de buffer, ataques DoS, spyware, malware, rootkits, cavalos de Troia e worms. Num ambiente de nuvem, os ataques mais recentes podem resultar de malware de hipervisor, guest hopping e hijacking ou rootkits de VM.

Outro tipo de ataque é o ataque man-in-the-middle para migrações de VM. Em geral, os ataques passivos roubam dados sensíveis ou palavras-passe.

Por outro lado, os ataques activos podem manipular as estruturas de dados do kernel, o que causará grandes danos aos servidores em nuvem.

3.5.3 Desafio 3: Desempenho imprevisível e estrangulamentos

Várias VMs podem partilhar CPUs e memória principal na computação em nuvem, mas a partilha de E/S é problemática. Por exemplo, para executar 75 instâncias EC2 com o benchmark STREAM, é necessária uma largura de banda média de 1.355 MB/segundo.

No entanto, para cada uma das 75 instâncias EC2 escrever ficheiros de 1 GB no disco local, é necessária uma largura de banda média de escrita em disco de apenas 55 MB/segundo. Isso demonstra o problema de interferência de E/S entre VMs.

Uma solução é melhorar as arquitecturas de E/S e os sistemas operativos para virtualizar eficazmente as interrupções e os canais de E/S. As aplicações da Internet continuam a tornar-se mais intensivas em dados.

Se partirmos do princípio de que as aplicações serão separadas através das fronteiras das nuvens, isso pode complicar a colocação e o transporte dos dados.

Os utilizadores e fornecedores de serviços em nuvem têm de pensar nas implicações da colocação e do tráfego a todos os níveis do sistema, se quiserem minimizar os custos.

Este tipo de raciocínio pode ser visto no desenvolvimento pela Amazon do seu novo serviço Cloud Front. Por conseguinte, é necessário eliminar os estrangulamentos na transferência de dados, alargar as ligações de estrangulamento e eliminar os servidores fracos.

3.5.4 Desafio 4: Armazenamento distribuído e erros de software generalizados

A base de dados está sempre a crescer nas aplicações na nuvem. A oportunidade é criar um sistema de armazenamento que não só satisfaça este crescimento, mas também o combine com a vantagem da nuvem de aumentar e diminuir arbitrariamente a pedido.

Isto exige a conceção de SANs distribuídas eficientes. Os centros de dados devem satisfazer as expectativas dos programadores em termos de escalabilidade, durabilidade dos dados e HA.

A verificação da consistência dos dados em centros de dados ligados a SAN é um grande desafio na computação em nuvem.

Os erros distribuídos em grande escala não podem ser reproduzidos, pelo que a depuração deve ocorrer à escala dos centros de dados de produção.

Nenhum centro de dados oferece essa comodidade. Uma solução pode ser confiar na utilização de VMs na computação em nuvem.

O nível de virtualização pode possibilitar a captura de informações valiosas de formas que são impossíveis sem a utilização de VMs.

A depuração em simuladores é outra abordagem para atacar o problema, se o simulador for bem concebido.

3.5.5 Desafio 5: Escalabilidade, interoperabilidade e padronização da nuvem

O modelo "pay as you go" aplica-se ao armazenamento e à largura de banda da rede; ambos são contabilizados em termos do número de bytes utilizados. A computação é diferente dependendo do nível de virtualização. O GAE é automaticamente escalonado em resposta a aumentos ou diminuições de carga e os utilizadores são cobrados pelos ciclos utilizados.

O AWS cobra à hora pelo número de instâncias de VM utilizadas, mesmo que a máquina esteja inativa. A oportunidade aqui é escalar rapidamente para cima e para baixo em resposta à variação da carga, de modo a poupar dinheiro, mas sem violar os SLAs.

O Open Virtualization Format (OVF) descreve um formato aberto, seguro, portátil, eficiente e extensível para o empacotamento e distribuição de VMs. Também define um formato para a distribuição de software a ser implementado em VMs.

Este formato de VM não depende da utilização de uma plataforma anfitriã específica, de uma plataforma de virtualização ou de um sistema operativo convidado.

A abordagem consiste em abordar a plataforma virtual de forma agnóstica, com certificação e integridade do software embalado. O pacote suporta aparelhos virtuais para abranger mais de uma VM.

O OVF também define um mecanismo de transporte para modelos de VM e o formato pode ser aplicado a diferentes plataformas de virtualização com diferentes níveis de virtualização.

Em termos de normalização da nuvem, a capacidade de os aparelhos virtuais funcionarem em qualquer plataforma virtual. O utilizador também precisa de permitir que as VM sejam executadas em hipervisores de plataformas de hardware heterogéneas.

Isto requer VMs independentes de hipervisor. Além disso, o utilizador precisa de realizar a migração em tempo real entre plataformas entre as tecnologias x86 Intel e AMD e suportar o hardware antigo para o equilíbrio de carga. Todas estas questões estão em aberto para investigação futura.

3.5.6 Desafio 6: Licenciamento de software e partilha de reputação

Muitos fornecedores de computação em nuvem basearam-se inicialmente em software de fonte aberta porque o modelo de licenciamento do software comercial não é ideal para a computação utilitária.

A principal oportunidade é que a fonte aberta continue a ser popular ou simplesmente que as empresas de software comercial alterem a sua estrutura de licenciamento para se adaptarem melhor à computação em nuvem.

Pode considerar-se a possibilidade de utilizar esquemas de licenciamento de pagamento por utilização e de utilização em massa para alargar a cobertura da empresa.

3.6 Armazenamento em nuvem

Armazenamento em nuvem significa armazenar os dados num fornecedor de serviços em nuvem e não num sistema local. O utilizador final pode aceder aos dados armazenados na nuvem através de uma ligação à Internet. O armazenamento em nuvem tem uma série de vantagens em relação ao armazenamento tradicional de dados.

Se os utilizadores armazenaram alguns dados numa nuvem, podem aceder aos mesmos a partir de qualquer local que tenha acesso à Internet. Os trabalhadores não precisam de utilizar o mesmo computador para aceder aos dados nem têm de transportar dispositivos físicos de armazenamento.

Além disso, se uma organização tiver filiais, todas elas podem aceder aos dados a partir do fornecedor de serviços na nuvem. Existem centenas de sistemas diferentes de armazenamento na nuvem, e alguns são muito específicos no que fazem.

Alguns estão orientados para nichos de mercado e armazenam apenas correio eletrónico ou imagens digitais, enquanto outros armazenam qualquer tipo de dados. Alguns fornecedores são pequenos, enquanto outros são enormes e enchem um armazém inteiro.

No nível mais rudimentar, um sistema de armazenamento em nuvem precisa apenas de um servidor de dados ligado à Internet.

Um assinante copia ficheiros para o servidor através da Internet, que depois regista os dados. Quando um cliente pretende recuperar os dados, acede ao servidor de dados através de uma interface baseada na Web e o servidor envia os ficheiros de volta para o cliente ou permite que o cliente aceda e manipule os dados.

No entanto, o mais comum é que os sistemas de armazenamento em nuvem utilizem dezenas ou centenas de servidores de dados. Como os servidores necessitam de manutenção ou reparação, é necessário armazenar os dados guardados em várias máquinas, proporcionando redundância.

Sem essa redundância, os sistemas de armazenamento em nuvem não podiam garantir aos clientes o acesso às suas informações em qualquer altura.

3.6.1 Armazenamento como serviço

O termo Armazenamento como um Serviço (outro acrónimo de Software como um Serviço, ou SaaS) significa que um fornecedor terceiro aluga espaço no seu armazenamento a utilizadores finais que não dispõem de orçamento ou de capital para o pagar por si próprios.

A figura 3.13 ilustra o armazenamento como um serviço em que os dados são armazenados na nuvem.

É também ideal quando o pessoal técnico não está disponível ou tem conhecimentos inadequados para implementar e manter essa infraestrutura de armazenamento.

Os fornecedores de serviços de armazenamento não são novidade, mas dada a complexidade das actuais necessidades de cópia de segurança, replicação e recuperação de desastres, o serviço tornou-se popular, especialmente entre as pequenas e médias empresas.

A maior vantagem do SaaS é a poupança de custos. O armazenamento é alugado ao fornecedor através de um modelo de custo por gigabyte armazenado ou custo por transferência de dados. O utilizador final não tem de pagar pela infraestrutura. Simplesmente paga pela quantidade de dados que transfere e poupa nos servidores do fornecedor.

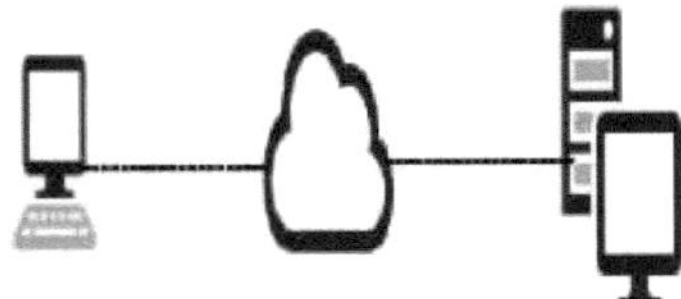

Fig 3.13 Armazenamento como um serviço

Um cliente utiliza software cliente para especificar o conjunto de cópias de segurança e, em seguida, transfere os dados através de uma WAN.

Exemplos:

O Google Docs permite aos utilizadores carregar documentos, folhas de cálculo e apresentações para os servidores de dados da Google. Esses ficheiros podem depois ser editados através de uma aplicação Google.

Os fornecedores de correio eletrónico da Web, como o Gmail, o Hotmail e o Yahoo! Mail, armazenam as mensagens de correio eletrónico nos seus próprios servidores. Os utilizadores podem aceder ao seu correio eletrónico a partir de computadores e outros dispositivos ligados à Internet.

O Flickr e o Picasa alojam milhões de fotografias digitais. Os utilizadores podem criar os seus próprios álbuns de fotografias online.

O YouTube aloja milhões de ficheiros de vídeo carregados pelos utilizadores.

A Hostmonster e a GoDaddy armazenam ficheiros e dados de muitos sítios Web de clientes.

O Facebook e o MySpace são sítios de redes sociais e permitem aos membros publicar fotografias e outros conteúdos. Esses conteúdos são armazenados nos servidores da empresa.

O Media Max e o Strong space oferecem espaço de armazenamento para qualquer tipo de dados digitais.

Para proteger os dados, a maioria dos sistemas utiliza uma combinação das técnicas enumeradas:

Encriptação: É utilizado um algoritmo complexo para codificar a informação. Para descodificar os ficheiros encriptados, o utilizador necessita da chave de encriptação.

Processos de autenticação: Requer que o utilizador crie um nome e uma palavra-passe.

Práticas de autorização: O cliente lista as pessoas que estão autorizadas a acessar as informações armazenadas no sistema de nuvem. Muitas corporações têm vários níveis de autorização. A outra preocupação é a confiabilidade.

Se um sistema de armazenamento na nuvem não for fiável, torna-se um risco. Ninguém quer guardar dados num sistema instável, nem confiar numa empresa que é financeiramente instável.

A maioria dos fornecedores de armazenamento na nuvem tenta resolver o problema da fiabilidade através da redundância, mas continua a existir a possibilidade de o sistema falhar e deixar os clientes sem forma de aceder aos seus dados guardados.

3.6.2 Vantagens do armazenamento na nuvem

O armazenamento na nuvem está a tornar-se uma solução cada vez mais atractiva para as organizações.

Os fornecedores de armazenamento em nuvem equilibram as cargas dos servidores e movem os dados entre vários centros de dados, assegurando que as informações são armazenadas perto e, por conseguinte, estão rapidamente disponíveis durante a utilização dos dados.

Armazenar dados na nuvem é vantajoso, porque permite ao utilizador proteger os dados em caso de desastre.

Ter os dados armazenados fora do local pode ser a diferença entre fechar a porta definitivamente ou estar inativo durante alguns dias ou semanas.

O fornecedor de armazenamento a escolher pode ser uma questão complexa, e a forma como a tecnologia do utilizador final interage com a nuvem pode ser complexa.

Por exemplo, alguns produtos são baseados em agentes e a aplicação transfere automaticamente as informações para a nuvem através de FTP.

Mas outros utilizam um front end Web e o utilizador tem de selecionar ficheiros locais no seu computador para transmitir.

O Amazon S3 é a solução de armazenamento mais conhecida, mas outros fornecedores poderão ser melhores para as grandes empresas.

Por exemplo, aqueles que oferecem acordos de nível de serviço e acesso direto ao apoio ao cliente são fundamentais para uma empresa que transfere o armazenamento para um fornecedor de serviços.

3.6.3 Fornecedores de armazenamento em nuvem

Todos os dias surgem centenas de fornecedores de armazenamento na nuvem. Esta é simplesmente uma lista do que alguns dos grandes jogadores do jogo têm para oferecer e qualquer pessoa pode utilizá-la como um guia inicial para determinar se os seus serviços correspondem às necessidades do utilizador. A Amazon e a Nirvanix são os actuais líderes da indústria, mas há muitos outros no terreno, incluindo alguns nomes bem conhecidos. A Google oferece uma solução de armazenamento na nuvem chamada GDrive. A EMC está a preparar uma solução de armazenamento e a IBM já tem uma série de opções de armazenamento na nuvem, denominada Blue Cloud.

3.6.4 S3

O serviço de armazenamento em nuvem mais conhecido é o Simple Storage Service (S3) da Amazon, que foi lançado em 2006.

O Amazon S3 foi concebido para facilitar a computação à escala da Web para os programadores.

O Amazon S3 fornece uma interface de serviços Web simples que pode ser utilizada para armazenar e recuperar qualquer quantidade de dados, em qualquer altura, a partir de qualquer ponto da Web.

Dá a qualquer programador acesso à mesma infraestrutura de armazenamento de dados altamente escalável que a Amazon utiliza para gerir a sua própria rede global de sítios Web. O serviço tem como objetivo maximizar as vantagens da escala e transferir essas vantagens para os programadores. O Amazon S3 foi intencionalmente construído com um conjunto mínimo de caraterísticas que inclui a seguinte funcionalidade:

Escreva, leia e elimine objectos que contenham de 1 byte a 5 gigabytes de dados cada. O número de objectos que podem ser armazenados é ilimitado. Cada objeto é armazenado e recuperado através de uma chave única atribuída pelo programador. Os objectos podem ser privados ou públicos e podem ser atribuídos direitos a utilizadores específicos. Utiliza interfaces REST e SOAP baseadas em normas, concebidas para funcionar com qualquer conjunto de ferramentas de desenvolvimento da Internet.

Requisitos de conceção A Amazon criou o S3 para cumprir os seguintes requisitos de conceção:

Escalável: O Amazon S3 pode ser dimensionado em termos de armazenamento, taxa de pedidos e utilizadores para suportar um número ilimitado de aplicações à escala da Web.

Fiável: Armazene dados de forma duradoura com 99,99% de disponibilidade. A Amazon afirma que não permite qualquer tempo de inatividade.

Rápido: O Amazon S3 foi concebido para ser suficientemente rápido para suportar aplicações de elevado desempenho. A latência do lado do servidor deve ser insignificante em relação à latência da Internet.

Barato: O Amazon S3 é construído a partir de componentes de hardware de baixo custo.

Simples: É difícil criar um armazenamento altamente escalável, fiável, rápido e económico.

Princípios de conceção A Amazon utilizou os seguintes princípios de conceção de sistemas distribuídos para satisfazer os requisitos do Amazon S3:

Descentralização: Utiliza técnicas totalmente descentralizadas para remover estrangulamentos de escala e pontos únicos de falha.

Autonomia: O sistema é concebido de forma a que os componentes individuais possam tomar decisões com base em informações locais.

Responsabilidade local: Cada componente individual é responsável por alcançar a sua coerência. Esta responsabilidade nunca recai sobre os seus pares.

Concorrência controlada: As operações são concebidas de modo a que não seja necessário um controlo de simultaneidade ou que este seja limitado.

Tolerância a falhas: O sistema considera a falha de componentes como um modo normal de funcionamento e continua a funcionar sem interrupção ou com uma interrupção mínima.

Paralelismo controlado: As abstracções utilizadas no sistema têm uma granularidade tal que o paralelismo pode ser utilizado para melhorar o desempenho e a robustez da recuperação ou a introdução de novos nós.

Simetria: Os nós do sistema são idênticos em termos de funcionalidade e não necessitam de qualquer configuração específica ou necessitam de uma configuração mínima para funcionar.

Simplicidade: O sistema deve ser tão simples quanto possível, mas não mais simples.

A Amazon mantém-se muito fechada quanto à forma como o S3 funciona, mas, de acordo com a Amazon, a conceção do S3 tem como objetivo proporcionar escalabilidade, elevada disponibilidade e baixa latência a custos de comodidade. O S3 armazena objetos arbitrários com um tamanho máximo de 5 GB e cada um é acompanhado por um máximo de 2 KB de metadados. Os objetos são organizados por compartimentos. Cada contentor é propriedade de uma conta AWS e os contentores são identificados por uma chave única atribuída pelo utilizador.

Os contentores e os objectos são criados, listados e recuperados através de uma interface REST ou SOAP. Os objectos também podem ser recuperados utilizando a interface HTTP GET ou através de Bit Torrent.

Uma lista de controlo de acesso restringe quem pode aceder aos dados em cada contentor. Os nomes e as chaves dos compartimentos são formulados de modo a poderem ser acedidos através de HTTP.

As ferramentas de autenticação do Amazon AWS permitem que o proprietário do bucket crie um URL autenticado com um período de tempo definido para que o URL seja válido.

Os itens do Bucket também podem ser acedidos através de um feed Bit Torrent, permitindo que o S3 actue como uma semente para o cliente.

Os buckets também podem ser configurados para guardar informações de registo HTTP noutro bucket. Estas informações podem ser utilizadas para posterior extração de dados.

CAPÍTULO IV

GESTÃO DE RECURSOS E SEGURANÇA NA NUVEM

Gestão de recursos entre nuvens -Provisionamento de recursos e métodos de provisionamento de recursos -Intercâmbio global de recursos na nuvem -Síntese da segurança -Desafios da segurança na nuvem -Segurança do software como serviço -Governação da segurança - Segurança de máquinas virtuais - IAM -Normas de segurança.

4.1 Gestão de recursos entre nuvens

Cloud application (SaaS)
Cloud Software environment (PaaS)
Cloud software infrastructure (IaaS, DaaS, CaaS)
Collocation cloud services (LaaS)
Network cloud services (NaaS)
Hardware or Virtualization cloud Services (HaaS)

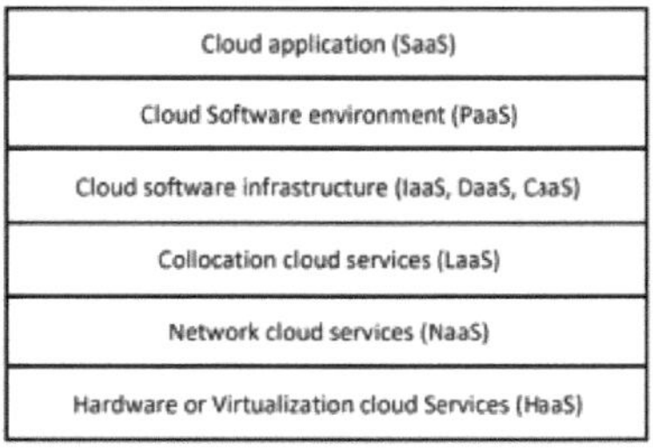

Aplicação em nuvem (SaaS)
Ambiente de software em nuvem (PaaS)
Infraestrutura de software em nuvem (IaaS, OaaS, CaaS)
Serviços de nuvem de colocação (LaaS)
Serviços de rede em nuvem (NaaS)
Serviços de nuvem de hardware ou virtualização (HaaS)

Fig 4.1 Uma pilha de seis camadas de serviços em nuvem

A Figura 4.1 mostra seis camadas de serviços em nuvem, que vão desde o hardware, a rede e a co-instalação até à infraestrutura, à plataforma e às aplicações de software.

A plataforma de nuvem fornece PaaS, que se situa no topo da infraestrutura IaaS. A camada superior oferece SaaS.

As três camadas inferiores estão mais relacionadas com os requisitos físicos. A camada inferior fornece Hardware como um Serviço (HaaS).

A camada seguinte destina-se a interligar todos os componentes de hardware e é designada simplesmente por rede como serviço (NaaS). As LANs virtuais inserem-se no âmbito do NaaS.

A camada seguinte oferece o Location as a Service (LaaS), que fornece um serviço de colocação para alojar, alimentar e proteger todo o hardware físico, bem como os recursos de rede.

Alguns autores dizem que esta camada fornece segurança como um serviço (SaaS).

O nível da infraestrutura de computação em nuvem pode ainda ser subdividido em dados como serviço (DaaS) e comunicação como serviço (CaaS), para além da computação e do armazenamento em IaaS.

Os três modelos de nuvem vistos por diferentes actores. Do ponto de vista do fornecedor de software, o desempenho da aplicação numa determinada plataforma de nuvem é o mais importante.

Do ponto de vista do fornecedor, o desempenho da infraestrutura de nuvem é a principal preocupação.

Do ponto de vista dos utilizadores finais, a qualidade dos serviços, incluindo a segurança, é o mais importante. A CRM ofereceu o primeiro SaaS na nuvem com sucesso.

A abordagem consiste em alargar a cobertura do mercado, investigando os comportamentos dos clientes e revelando oportunidades através da análise estatística.

As ferramentas SaaS também se aplicam à colaboração distribuída e à gestão financeira e de recursos humanos. Estes serviços em nuvem têm registado um rápido crescimento nos últimos anos.

A PaaS é fornecida pela Google, Salesforce.com, Facebook, etc. A IaaS é fornecida pela Amazon, Windows Azure, RackRack e assim por diante. Com base nas observações de algumas instâncias típicas de computação em nuvem, como Google, Microsoft e Yahoo!, a estrutura geral da pilha de software de computação em nuvem pode ser vista em camadas.

Cada camada tem o seu próprio objetivo e fornece a interface para as camadas superiores, tal como acontece com a pilha de software tradicional. No entanto, as camadas inferiores não são completamente transparentes para as camadas superiores.

A plataforma para a execução de serviços de computação em nuvem pode ser constituída por servidores físicos ou virtuais. Ao utilizar VMs, a plataforma pode ser flexível, o que significa que os serviços em execução não estão vinculados a plataformas de hardware específicas.

A camada de software no topo da plataforma é a camada de armazenamento de grandes quantidades de dados.

Esta camada funciona como o sistema de ficheiros de uma máquina tradicional. Outras camadas que correm por cima do sistema de ficheiros são as camadas de execução das aplicações de computação em nuvem. As camadas seguintes são os componentes da pilha de software.

4.1.1 Serviços de apoio em tempo de execução

Tal como num ambiente de cluster, existem também alguns serviços de apoio em tempo de execução no ambiente de computação em nuvem.

A monitorização do cluster é utilizada para recolher o estado do tempo de execução de todo o cluster. O programador coloca em fila de espera as tarefas submetidas a todo o cluster e atribui as tarefas aos nós de processamento de acordo com a disponibilidade dos nós.

O programador distribuído para a aplicação em nuvem tem caraterísticas especiais que podem suportar aplicações em nuvem, tais como programar os programas escritos no estilo Map Reduce.

O sistema de suporte de tempo de execução mantém o cluster de nuvem a funcionar corretamente com elevada eficiência. O suporte em tempo de execução é um software necessário em aplicações iniciadas no navegador aplicadas por milhares de clientes da nuvem.

O modelo SaaS fornece as aplicações de software como um serviço, em vez de fazer com que os utilizadores comprem o software.

Como resultado, do lado do cliente, não há investimento inicial em servidores ou licenciamento de software.

Do lado do fornecedor, os custos são bastante baixos, em comparação com o alojamento convencional das aplicações dos utilizadores. Os dados do cliente são armazenados na nuvem, que pode ser propriedade do fornecedor ou uma nuvem alojada publicamente que suporte PaaS e IaaS.

4.2 Provisionamento de recursos

Os fornecedores fornecem serviços de computação em nuvem assinando SLAs com os utilizadores finais. Os SLAs devem comprometer recursos suficientes, como CPU, memória e largura de banda, que o utilizador pode utilizar durante um período predefinido.

O subaprovisionamento de recursos conduzirá à quebra de SLAs e a penalizações. O aprovisionamento excessivo de recursos conduzirá à subutilização dos mesmos e, consequentemente, a uma diminuição das receitas do fornecedor. A implementação de um sistema autónomo para fornecer recursos aos utilizadores de forma eficiente é um problema difícil.

O aprovisionamento eficiente de VM depende da arquitetura da nuvem e da gestão das infra-estruturas de nuvem. Os esquemas de aprovisionamento de recursos também exigem uma descoberta rápida de serviços e dados nas infra-estruturas de computação em nuvem.

Num cluster virtualizado de servidores, isto exige uma instalação eficiente de VMs, migração de VMs em tempo real e recuperação rápida de falhas. Para implementar VMs, os utilizadores tratam-nas como anfitriões físicos com sistemas operativos personalizados para aplicações específicas.

Por exemplo, o EC2 da Amazon utiliza o Xen como monitor de máquina virtual (VMM). O mesmo VMM é utilizado no Blue Cloud da IBM.

Na plataforma EC2, também são fornecidos alguns modelos de VM predefinidos. Os utilizadores podem escolher diferentes tipos de VMs a partir dos modelos. O Blue Cloud da IBM não fornece quaisquer modelos de VM.

4.2.1 Métodos de aprovisionamento de recursos

A Figura 4.2 mostra três casos de políticas de aprovisionamento de recursos de nuvem estática. No caso (a), o aprovisionamento excessivo com a carga de pico causa um grande desperdício de recursos (área sombreada)

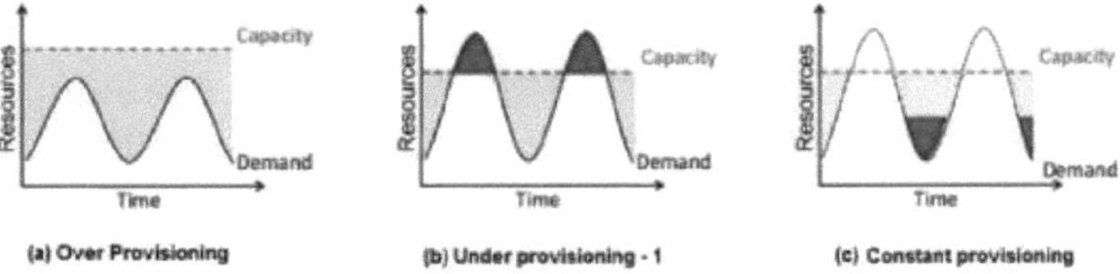

Fig 4.2 Três casos de aprovisionamento de recursos

No caso (b), o subaprovisionamento (ao longo da linha de capacidade) de recursos resulta em perdas tanto para o utilizador como para o fornecedor, na medida em que a procura paga pelos utilizadores (a área sombreada acima da capacidade) não é servida e ainda existem recursos desperdiçados para as áreas procuradas abaixo da capacidade aprovisionada.

No caso (c), o fornecimento constante de recursos com capacidade fixa a uma procura decrescente por parte dos utilizadores pode resultar num desperdício de recursos ainda maior.

O utilizador pode desistir do serviço cancelando a procura, o que resulta numa redução das receitas do fornecedor. Tanto o utilizador como o fornecedor podem ficar a perder com o aprovisionamento de recursos sem elasticidade.

O método orientado para a procura fornece recursos estáticos e tem sido utilizado na computação em grelha há muitos anos. O método baseado em eventos baseia-se na previsão do volume de trabalho ao longo do tempo. O método baseado na popularidade baseia-se no tráfego da Internet monitorizado.

4.2.2 Aprovisionamento de recursos em função da procura

Este método adiciona ou remove instâncias de computação com base no nível de utilização atual dos recursos atribuídos.

O método orientado para a procura atribui automaticamente dois processadores Xeon para a aplicação do utilizador, quando este estava a utilizar um processador Xeon mais de 60% do tempo durante um longo período.

Em geral, quando um recurso ultrapassa um limiar durante um determinado período de tempo, o esquema aumenta esse recurso com base na procura.

Quando um recurso está abaixo de um limiar durante um determinado período de tempo, esse recurso pode ser reduzido em conformidade.

A Amazon implementa esta funcionalidade de auto-escala na sua plataforma EC2. Este método é fácil de implementar. O esquema não funciona corretamente se o volume de trabalho mudar abruptamente.

4.2.3 Provisionamento de recursos com base em eventos

Este esquema adiciona ou remove instâncias de máquina com base num evento de tempo específico. O esquema funciona melhor para eventos sazonais ou previstos, como a época do Natal no Ocidente e o Ano Novo Lunar no Oriente.

Durante estes eventos, o número de utilizadores aumenta antes do período do evento e depois diminui durante o período do evento. Este esquema antecipa o pico de tráfego antes que ele ocorra.

O método resulta numa perda mínima de QoS, se o evento for previsto corretamente. Caso contrário, o desperdício de recursos é ainda maior devido a eventos que não seguem um padrão fixo.

4.2.4 Aprovisionamento de recursos com base na popularidade

Neste método, a Internet procura a popularidade de determinadas aplicações e cria as instâncias por procura de popularidade. O esquema prevê o aumento do tráfego com a popularidade.

Mais uma vez, o esquema tem uma perda mínima de QoS, se a popularidade prevista estiver correta. Os recursos podem ser desperdiçados se o tráfego não ocorrer como previsto.

4.3 Intercâmbio global de recursos na nuvem

A fim de apoiar um grande número de consumidores de serviços de aplicações de todo o mundo, os fornecedores de infra-estruturas de computação em nuvem (ou seja, os fornecedores de IaaS) estabeleceram centros de dados em várias localizações geográficas para fornecer redundância e garantir a fiabilidade em caso de falhas no local.

Por exemplo, a Amazon tem centros de dados nos Estados Unidos (por exemplo, um na Costa Leste e outro na Costa Oeste) e na Europa. No entanto, atualmente a Amazon espera que os seus clientes da nuvem (ou seja, os fornecedores de SaaS) expressem uma preferência relativamente ao local onde pretendem que os seus serviços de aplicações sejam alojados.

A Amazon não fornece mecanismos automáticos/sem descontinuidade para escalar os seus serviços alojados em vários centros de dados geograficamente distribuídos. Esta abordagem tem muitas deficiências.

Em primeiro lugar, é difícil para os clientes de serviços em nuvem determinar antecipadamente a melhor localização para alojar os seus serviços, uma vez que podem não conhecer a origem dos consumidores dos seus serviços. Em segundo lugar, os fornecedores de SaaS podem não ser capazes de satisfazer as expectativas de QoS dos seus consumidores de serviços provenientes de múltiplas localizações geográficas.

A figura 4.3 mostra os componentes de alto nível da arquitetura Inter Cloud proposta pelo grupo de Melbourne.

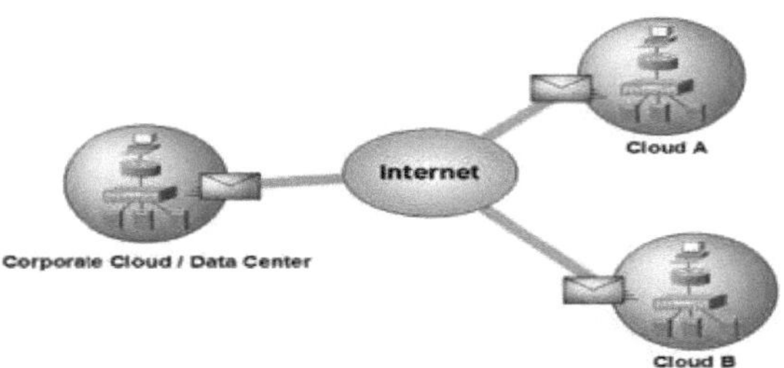

Fig 4.3 Arquitetura entre nuvens

Além disso, nenhum fornecedor de infra-estruturas de computação em nuvem poderá estabelecer os seus centros de dados em todas as localizações possíveis em todo o mundo. Consequentemente, os fornecedores de serviços de aplicações em nuvem (SaaS) terão dificuldade em satisfazer as expectativas de QoS de todos os seus consumidores.

O projeto Cloud bus da Universidade de Melbourne propôs uma arquitetura Inter Cloud que apoia a intermediação e o intercâmbio de recursos na nuvem para escalonar aplicações em várias nuvens. Ao concretizar os princípios da arquitetura Inter Cloud em mecanismos na sua oferta.

Os fornecedores de serviços de computação em nuvem poderão expandir ou redimensionar dinamicamente a sua capacidade de aprovisionamento com base em picos súbitos na procura de cargas de trabalho, alugando capacidades computacionais e de armazenamento disponíveis a outros fornecedores de serviços de computação em nuvem.

Operar como parte de uma federação de locação de recursos orientada para o mercado, em que os fornecedores de serviços de aplicações, como a Salesforce.com, alojam os seus serviços com base em contratos SLA negociados, orientados por preços de mercado competitivos.

Fornecer serviços a pedido, fiáveis, rentáveis e sensíveis à QoS com base em tecnologias de virtualização, assegurando simultaneamente normas de QoS elevadas e minimizando os custos do serviço.

Têm de ser capazes de utilizar modelos de utilidade baseados no mercado como base para o fornecimento de serviços de software virtualizados e de infra-estruturas de hardware federadas entre utilizadores com aplicações heterogéneas.

Consistem em serviços de intermediação de clientes e de coordenação que suportam a federação de nuvens orientada para a utilidade:

o Programação de aplicações

o Afetação de recursos

o Migração de cargas de trabalho

A arquitetura associa de forma coesa as capacidades de armazenamento e computação distribuídas de forma administrativa e topológica das nuvens como parte de uma única abstração de locação de recursos.

O Cloud Exchange (CEx) actua como um criador de mercado para reunir produtores e consumidores de serviços.

Agrega os pedidos de infra-estruturas dos corretores de aplicações e avalia-os em relação à oferta disponível atualmente publicada pelos coordenadores de nuvens.

Suporta o comércio de serviços em nuvem com base em modelos económicos competitivos, como os mercados de mercadorias e os leilões.

Um SLA especifica os pormenores do serviço a prestar em termos de métricas acordadas por todas as partes, bem como os incentivos e as penalizações por cumprimento e violação das expectativas, respetivamente.

A disponibilidade de um sistema bancário no mercado garante que as transacções financeiras relativas aos SLAs entre os participantes são realizadas num ambiente seguro e fiável.

4.4 Visão geral da segurança

Os fornecedores de serviços na nuvem devem aprender com o modelo de fornecedor de serviços geridos (MSP) e garantir que as aplicações e os dados dos seus clientes estão seguros, se quiserem manter a sua base de clientes e a sua competitividade.

Atualmente, as empresas estão a olhar para os horizontes da computação em nuvem para expandir a sua própria infraestrutura local, mas a maioria não pode correr o risco de comprometer a segurança das suas aplicações e dados.

Por exemplo, a IDC realizou recentemente um inquérito1 (Figura 4.4) a 244 executivos de TI/CIO e aos seus colegas da linha de negócio (LOB) para avaliar as suas opiniões e compreender a utilização dos serviços de TI em nuvem pelas suas empresas.

A segurança foi classificada em primeiro lugar como o maior desafio ou problema da computação em nuvem.

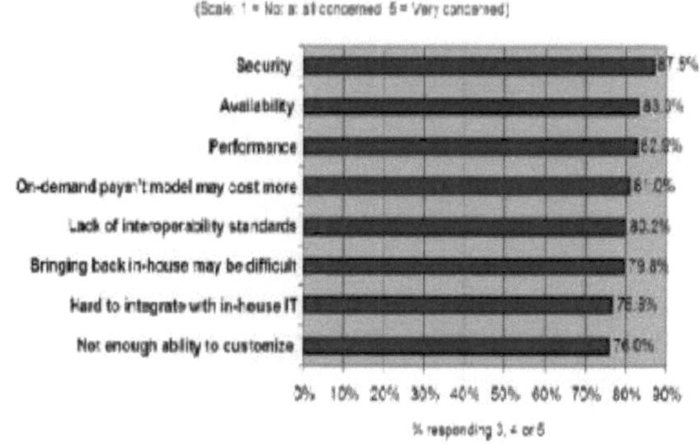

Figura 4.4 Resultados do inquérito da IDC

A transferência de aplicações críticas e dados sensíveis para ambientes de nuvem pública e partilhada é uma grande preocupação para as empresas que estão a ultrapassar o perímetro de defesa da rede do seu centro de dados.

Para atenuar estas preocupações, um fornecedor de soluções na nuvem deve garantir que os clientes continuarão a ter os mesmos controlos de segurança e privacidade sobre as suas aplicações e serviços.

Além disso, o fornecedor de soluções fornece provas aos clientes de que a sua organização e os seus clientes estão seguros e que podem cumprir os seus acordos de nível de serviço, e que podem provar a conformidade aos auditores.

4.5 Desafios da segurança na nuvem

Embora a virtualização e a computação em nuvem possam ajudar as empresas a fazer mais, quebrando os laços físicos entre uma infraestrutura de TI e os seus utilizadores, é necessário ultrapassar as ameaças de segurança acrescidas para beneficiar plenamente deste novo paradigma de computação.

A segurança da empresa é tão boa quanto o parceiro, departamento e fornecedor menos fiável. Com o modelo de nuvem, o consumidor da nuvem perde o controlo sobre a segurança física.

Numa nuvem pública, os consumidores partilham recursos de computação com outras empresas. Num pool partilhado fora da empresa, os utilizadores não têm qualquer conhecimento ou controlo do local onde os recursos são executados.

Os serviços de armazenamento fornecidos por um fornecedor de serviços em nuvem podem ser incompatíveis com os serviços de outro fornecedor, caso decida mudar de um para outro.

Garantir a integridade dos dados significa, na realidade, que estes só são alterados em resposta a transacções autorizadas.

A utilização imatura da tecnologia mash up (combinações de serviços Web), que é fundamental para as aplicações em nuvem, vai inevitavelmente causar vulnerabilidades de segurança involuntárias nessas aplicações.

Uma vez que o acesso aos registos é necessário para a conformidade com a norma de segurança de dados da indústria de cartões de pagamento (PCI DSS) e pode ser solicitado por auditores e reguladores, os gestores de segurança têm de se certificar de que negoceiam o acesso aos registos do fornecedor como parte de qualquer contrato de serviço.

As aplicações em nuvem são constantemente sujeitas a adições de funcionalidades e os utilizadores devem manter-se actualizados em relação às melhorias das aplicações para terem a certeza de que estão protegidos.

A velocidade a que as aplicações vão mudar na nuvem afectará tanto o SDLC como a segurança. A segurança tem de passar para o nível dos dados, para que as empresas possam ter a certeza de que os seus dados estão protegidos onde quer que vão.

Os dados sensíveis são do domínio da empresa e não do fornecedor de computação em nuvem. Um dos principais desafios da computação em nuvem é a segurança a nível dos dados.

A maioria das normas de conformidade não prevê a conformidade num mundo de computação em nuvem.

Existe um enorme conjunto de normas aplicáveis à segurança e à conformidade das TI, que regem a maioria das interações comerciais e que, com o tempo, terão de ser transpostas para a nuvem.

O SaaS torna o processo de conformidade mais complicado, uma vez que pode ser difícil para um cliente discernir onde residem os seus dados numa rede controlada pelo seu fornecedor de SaaS, ou por um parceiro desse fornecedor, o que levanta todo o tipo de questões de conformidade em matéria de privacidade, segregação e segurança dos dados.

Os gestores de segurança terão de prestar especial atenção aos sistemas que contêm dados críticos, como informações financeiras da empresa ou código fonte, durante a transição para a virtualização de servidores em ambientes de produção.

Externalizar significa perder um controlo significativo sobre os dados e, embora esta não seja uma boa ideia do ponto de vista da segurança, a facilidade comercial e as poupanças financeiras continuarão a aumentar a utilização destes serviços.

Os gestores de segurança terão de trabalhar com o pessoal jurídico da sua empresa para garantir que os termos contratuais adequados estão em vigor para proteger os dados da empresa e fornecer acordos de nível de serviço aceitáveis.

Os serviços baseados na nuvem farão com que muitos utilizadores móveis de TI acedam a dados e serviços empresariais sem passar pela rede da empresa. Isto aumentará a necessidade de as empresas colocarem controlos de segurança entre os utilizadores móveis e os serviços baseados na nuvem.

Embora a segurança tradicional do centro de dados ainda se aplique no ambiente de nuvem, a segregação física e a segurança baseada em hardware não podem proteger contra ataques entre máquinas virtuais no mesmo servidor.

O acesso administrativo é feito através da Internet, em vez da ligação direta ou no local, controlada e restrita, que é utilizada no modelo tradicional de centro de dados.

Isto aumenta o risco e a exposição e exigirá uma monitorização rigorosa das alterações no controlo do sistema e na restrição do controlo de acesso.

Provar o estado de segurança de um sistema e identificar a localização de uma máquina virtual insegura será um desafio. A co-localização de várias máquinas virtuais aumenta a superfície de ataque e o risco de comprometimento de máquina virtual para máquina virtual.

As máquinas virtuais localizadas e os servidores físicos utilizam os mesmos sistemas operativos, bem como as aplicações empresariais e da Web num ambiente de servidor na nuvem, aumentando a ameaça de um atacante ou malware que explore vulnerabilidades nestes sistemas e aplicações remotamente.

As máquinas virtuais são vulneráveis quando se deslocam entre a nuvem privada e a nuvem pública.

Espera-se que um ambiente de computação em nuvem total ou parcialmente partilhado tenha uma maior superfície de ataque e, por conseguinte, possa ser considerado como estando em maior risco do que um ambiente de recursos dedicados.

O sistema operacional e os arquivos de aplicativos estão em uma infraestrutura física compartilhada em um ambiente de nuvem virtualizado e exigem monitoramento de sistema, arquivo e atividade para fornecer confiança e prova auditável aos clientes corporativos de que seus recursos não foram comprometidos ou adulterados.

No ambiente de computação em nuvem, a empresa subscreve recursos de computação em nuvem e a responsabilidade pela aplicação de correcções é do subscritor e não dos fornecedores de computação em nuvem.

A necessidade de vigilância na manutenção de patches é imperativa. Os dados são fluidos na computação em nuvem e podem residir em servidores físicos no local, em máquinas virtuais no local ou em máquinas virtuais fora do local, executadas em recursos de computação em nuvem, o que exigirá uma reflexão por parte dos auditores e dos profissionais.

Para estabelecer zonas de confiança na nuvem, as máquinas virtuais devem ser autodefensivas, deslocando efetivamente o perímetro para a própria máquina virtual.

A segurança do perímetro da empresa (ou seja, firewalls, zonas desmilitarizadas [DMZs], segmentação da rede, sistemas de deteção e prevenção de intrusões [IDS/IPS], ferramentas de monitorização e as políticas de segurança associadas) apenas controla os dados que residem e transitam atrás do perímetro.

No mundo da computação em nuvem, o fornecedor de computação em nuvem é responsável pela segurança e privacidade dos dados do cliente.

4.6 Segurança do software como serviço

Os modelos de computação em nuvem do futuro combinarão provavelmente a utilização de SaaS (e outros XaaS, conforme adequado), computação utilitária e tecnologias de colaboração Web 2.0 para tirar partido da Internet para satisfazer as necessidades dos seus clientes.

Os novos modelos de negócio que estão a ser desenvolvidos em resultado da passagem para a computação em nuvem estão a criar não só novas tecnologias e processos operacionais de negócio, mas também novos requisitos e desafios de segurança, tal como descrito anteriormente.

Como a etapa evolutiva mais recente no modelo de serviço em nuvem (Figura 4.5), o SaaS provavelmente continuará sendo o modelo de serviço em nuvem dominante no futuro previsível e a área onde residirá a necessidade mais crítica de práticas de segurança e supervisão.

A empresa de consultoria e análise tecnológica Gartner enumera sete questões de segurança que devem ser discutidas com um fornecedor de computação em nuvem. O acesso de utilizadores privilegiados pergunta sobre quem tem acesso especializado aos dados e sobre a contratação e gestão desses administradores.

A conformidade regulamentar garante que o fornecedor está disposto a submeter-se a auditorias externas e/ou certificações de segurança.

Localização dos dados O fornecedor permite qualquer controlo sobre a localização dos dados.

A segregação de dados faz com que a encriptação esteja disponível em todas as fases e que estes esquemas de encriptação tenham sido concebidos e testados por profissionais experientes.

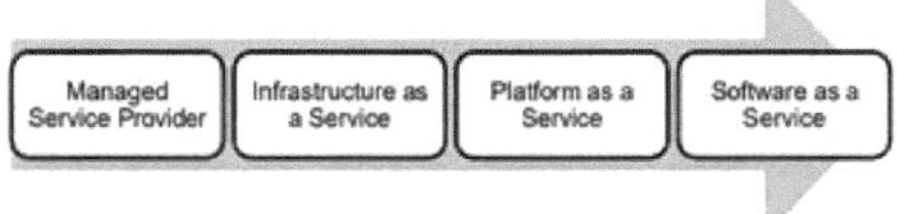

Fig 4.5 Evolução dos serviços em nuvem

A recuperação é a forma de descobrir o que acontecerá aos dados em caso de desastre. E também abrange a forma de efetuar um restauro completo.

Apoio à investigação O fornecedor tem a capacidade de investigar qualquer atividade inadequada ou ilegal.

A viabilidade a longo prazo centra-se nos dados no caso de a empresa cessar a sua atividade e no formato e processo subjacentes aos dados devolvidos.

Para resolver os problemas de segurança acima referidos, os fornecedores de SaaS terão de incorporar e melhorar as práticas de segurança utilizadas pelos fornecedores de serviços geridos e desenvolver novas práticas à medida que o ambiente de computação em nuvem evolui.

4.7 Governação da segurança

Deve ser criado um comité diretor de segurança cujo objetivo é fornecer orientações sobre as iniciativas de segurança e o alinhamento com as estratégias comerciais e de TI.

Uma carta para a equipa de segurança é normalmente um dos primeiros resultados do comité diretor. Esta carta deve definir claramente as funções e responsabilidades da equipa de segurança e de outros grupos envolvidos no desempenho das funções de segurança da informação.

A falta de uma estratégia formalizada pode levar a um modelo operacional insustentável e a um nível de segurança à medida que este evolui.

Além disso, a falta de atenção à governação da segurança pode fazer com que as principais necessidades da empresa não sejam satisfeitas, incluindo, entre outras, a gestão dos riscos, a monitorização da segurança, a segurança das aplicações e o apoio às vendas.

A falta de uma governação e gestão adequadas das funções também pode resultar em riscos potenciais para a segurança que não são abordados e em oportunidades de melhorar a empresa que são perdidas porque a equipa de segurança não está concentrada nas principais funções e actividades de segurança que são críticas para a empresa.

4.8 Segurança de máquinas virtuais

No ambiente de nuvem, os servidores físicos são consolidados em várias instâncias de máquinas virtuais em servidores virtualizados.

As equipas de segurança do centro de dados não só podem replicar os controlos de segurança típicos do centro de dados em geral para proteger as máquinas virtuais, como também podem aconselhar os seus clientes sobre a forma de preparar estas máquinas para a migração para um ambiente de nuvem, quando apropriado.

As firewalls, a deteção e a prevenção de intrusões, a monitorização da integridade e a inspeção de registos podem ser implementadas como software em máquinas virtuais para aumentar a proteção e manter a integridade da conformidade dos servidores e das aplicações à medida que os recursos virtuais passam de ambientes locais para ambientes de nuvem pública.

Ao implementar esta linha de defesa tradicional na própria máquina virtual, o utilizador pode permitir que aplicações e dados críticos sejam movidos para a nuvem de forma segura.

Para facilitar a gestão centralizada de uma política de firewall de servidor, o software de segurança carregado numa máquina virtual deve incluir uma firewall bidirecional de bom gosto que permita o isolamento da máquina virtual e o conhecimento da localização, permitindo assim uma política mais rigorosa e a flexibilidade de mover a máquina virtual de recursos no local para a nuvem.

O software de monitorização da integridade e de inspeção de registos deve ser aplicado ao nível da máquina virtual.

Esta abordagem à segurança das máquinas virtuais, que liga a máquina à nave-mãe, tem algumas vantagens, na medida em que o software de segurança pode ser colocado num único agente de software que proporciona um controlo e uma gestão consistentes em toda a nuvem, ao mesmo tempo que se integra perfeitamente nos investimentos existentes em infra-estruturas de segurança, proporcionando economias de escala, implantação e redução de custos tanto para o fornecedor de serviços como para a empresa.

4.8.1 IAM

A Gestão de Identidade e Acesso é uma função crítica para todas as organizações e uma expetativa fundamental dos clientes SaaS é que o princípio do menor privilégio seja concedido aos seus dados.

O princípio do privilégio mínimo estabelece que apenas deve ser concedido o acesso mínimo necessário para efetuar uma operação e que o acesso deve ser concedido apenas durante o período mínimo necessário.

No entanto, as empresas e os grupos de TI precisam e esperam ter acesso a sistemas e aplicações. O advento dos serviços em nuvem e dos serviços a pedido está a mudar o panorama da gestão da identidade.

A maior parte das actuais soluções de gestão de identidades estão centradas na empresa e, normalmente, são concebidas para funcionar num ambiente muito controlado e estático.

As soluções de gestão da identidade centradas no utilizador, como a gestão da identidade federada, fazem algumas suposições sobre as partes envolvidas e os seus serviços relacionados.

No ambiente de computação em nuvem, em que os serviços são oferecidos a pedido e podem evoluir continuamente, os aspectos dos modelos actuais, como os pressupostos de confiança, as implicações para a privacidade e os aspectos operacionais da autenticação e da autorização, serão postos em causa.

Para responder a estes desafios, os fornecedores de SaaS terão de se equilibrar à medida que avaliam novos modelos e processos de gestão para que o IAM forneça confiança e identidade de ponta a ponta em toda a nuvem e na empresa.

Outra questão será encontrar o equilíbrio correto entre a facilidade de utilização e a segurança. Se não se conseguir um bom equilíbrio, tanto as empresas como os grupos de TI podem ser afectados por obstáculos à conclusão eficiente das suas actividades de apoio e manutenção.

4.9 Normas de segurança

As normas de segurança definem os processos, procedimentos e práticas necessários para a implementação de um programa de segurança.

Estas normas também se aplicam às actividades de TI relacionadas com a nuvem e incluem medidas específicas que devem ser tomadas para garantir a manutenção de um ambiente seguro que proporcione a privacidade e a segurança das informações confidenciais num ambiente de nuvem.

As normas de segurança baseiam-se num conjunto de princípios fundamentais destinados a proteger este tipo de ambiente de confiança. As normas de mensagens, especialmente para a segurança na nuvem, também devem incluir quase todas as mesmas considerações que qualquer outro empreendimento de segurança de TI.

Segurança (SAML OAuth, OpenID, SSL/TLS) Uma filosofia básica de segurança é ter camadas de defesa, um conceito conhecido como defesa em profundidade.

Isto significa ter sistemas sobrepostos concebidos para fornecer segurança mesmo que um sistema falhe. Um exemplo é uma firewall que funciona em conjunto com um sistema de deteção de intrusões (IDS).

A defesa em profundidade proporciona segurança porque não existe um único ponto de falha nem um único vetor de entrada no qual possa ocorrer um ataque.

Por este motivo, a escolha entre implementar a segurança da rede na parte intermédia de uma rede (ou seja, na nuvem) ou nos pontos terminais é uma falsa dicotomia.

Nenhum sistema de segurança isolado é uma solução por si só, pelo que é muito melhor proteger todos os sistemas. Este tipo de segurança em camadas é precisamente o que estamos a ver desenvolver-se na computação em nuvem.

Tradicionalmente, a segurança era implementada nos pontos finais, onde o utilizador controlava o acesso. Uma organização não tinha outra opção senão colocar firewalls, IDSs e software antivírus dentro da sua própria rede.

Atualmente, com o advento dos serviços de segurança geridos oferecidos pelos fornecedores de serviços de computação em nuvem, é possível fornecer segurança adicional dentro da nuvem.

4.9.1 Linguagem de marcação de asserções de segurança (SAML)

SAML é uma norma baseada em XML para a comunicação de informações de autenticação, autorização e atributos entre parceiros em linha. Permite às empresas enviar de forma segura afirmações entre organizações parceiras relativamente à identidade e aos direitos de um titular.

O Comité Técnico dos Serviços de Segurança da Organização para o Avanço das Normas de Informação Estruturada (OASIS) é responsável pela definição, melhoria e manutenção das especificações SAML.

A SAML baseia-se em várias normas existentes, nomeadamente SOAP, HTTP e XML. O

SAML baseia-se no HTTP como protocolo de comunicação e especifica a utilização do SOAP (atualmente, versão 1.1).

A maioria das transacções SAML são expressas numa forma normalizada de XML. As afirmações e os protocolos SAML são especificados através de um esquema XML. Tanto o SAML 1.1 como o SAML 2.0 utilizam assinaturas digitais (baseadas na norma XML Signature) para autenticação e integridade das mensagens.

A encriptação XML é suportada no SAML 2.0, embora o SAML 1.1 não tenha capacidades de encriptação. O SAML define asserções e protocolos baseados em XML, ligações e perfis.

O termo SAML Core refere-se à sintaxe e semântica gerais das asserções SAML, bem como ao protocolo utilizado para solicitar e transmitir essas asserções de uma entidade de sistema para outra.

O protocolo SAML refere-se ao que é transmitido, não à forma como é transmitido. Uma ligação SAML determina como os pedidos e respostas SAML são mapeados para protocolos de mensagens padrão. Uma ligação importante (síncrona) é a ligação SAML SOAP.

O SAML normaliza as consultas e as respostas que contêm a autenticação do utilizador, os direitos e as informações de atributos num formato XML.

Este formato pode então ser utilizado para solicitar informações de segurança sobre um mandante a uma autoridade SAML. Uma autoridade SAML, por vezes designada por parte declarante. É uma plataforma ou aplicação que pode transmitir informações de segurança.

A parte confiante (ou consumidor de asserção ou parte requerente) é um sítio parceiro que recebe as informações de segurança. As informações trocadas dizem respeito ao estado de autenticação de um sujeito, à autorização de acesso e às informações de atributos.

Um sujeito é uma entidade num domínio específico. Uma pessoa identificada por um endereço de correio eletrónico é um sujeito, tal como uma impressora. As asserções SAML são normalmente transferidas de fornecedores de identidade para fornecedores de serviços.

As asserções contêm declarações que os fornecedores de serviços utilizam para tomar decisões de controlo de acesso.

O SAML fornece três tipos de declarações:

o Declarações de autenticação

o Declarações de atributos

o Declarações de decisão de autorização

As asserções SAML contêm um pacote de informações de segurança neste formato:

<saml: Asserção A>

<Autenticação>

</Autenticação>

<Atributo>

</Atributo>

<Autenticação>

</Autenticação>

</saml: Asssertion A>

A afirmação acima apresentada é interpretada da seguinte forma:

Afirmação A, emitida no momento T pelo emissor I, relativa ao objeto S, desde que as condições C sejam válidas.

As declarações de autenticação afirmam a um fornecedor de serviços que o responsável principal se autenticou efetivamente junto de um fornecedor de identidade num determinado momento, utilizando um determinado método de autenticação.

Outras informações sobre o mandante autenticado (designadas por contexto de autenticação) podem ser divulgadas numa declaração de autenticação.

Uma declaração de atributo afirma que um sujeito está associado a determinados atributos.

Um atributo é simplesmente um par nome-valor.

Uma declaração de decisão de autorização afirma que um sujeito está autorizado a realizar a ação A no recurso R, dadas as provas E.

Um protocolo SAML descreve a forma como determinados elementos SAML (incluindo asserções) são agrupados em elementos de pedido e resposta SAML

Em geral, um protocolo SAML é um protocolo simples de pedido-resposta.

O tipo mais importante de pedido do protocolo SAML é uma consulta.

Um fornecedor de serviços faz uma consulta diretamente a um fornecedor de identidade através de um canal de retorno seguro. Por este motivo, as mensagens de consulta estão normalmente associadas ao SOAP.

Correspondendo aos três tipos de declarações, existem três tipos de consultas SAML:

o Consulta de autenticação

o Consulta de atributos

o Consulta de decisão de autorização.

O resultado de uma consulta de atributos é uma resposta SAML que contém uma asserção, que por sua vez contém uma declaração de atributos.

4.9.2 Autenticação aberta (OAuth)

O OAuth é um protocolo aberto, iniciado por Blaine Cook e Chris Messina, para permitir a autorização segura de API num método simples e normalizado para vários tipos de aplicações Web.

Cook e Messina concluíram que não existiam normas abertas para a delegação de acesso à API. O grupo de discussão OAuth foi criado em abril de 2007, para que o pequeno grupo de implementadores redigisse o projeto de proposta para um protocolo aberto.

DeWitt Clinton, da Google, tomou conhecimento do projeto OAuth e manifestou interesse em apoiar o esforço.

Em julho de 2007, a equipa elaborou uma especificação inicial que foi lançada em outubro do mesmo ano. O OAuth é um método para publicar e interagir com dados protegidos.

Para os programadores, o OAuth permite que os utilizadores acedam aos seus dados, protegendo simultaneamente as credenciais da conta. O OAuth permite que os utilizadores concedam acesso às suas informações, que são partilhadas pelo fornecedor de serviços e pelos consumidores sem partilharem toda a sua identidade.

A designação Core é utilizada para sublinhar que se trata da base de referência e que outras extensões e protocolos podem ser desenvolvidos a partir dela. Por conceção, o OAuth Core 1.0 não fornece muitas das caraterísticas desejadas (por exemplo, descoberta automática de pontos finais, suporte linguístico, suporte para XML-RPC e SOAP, definição normalizada de acesso a recursos, integração de Open ID, algoritmos de assinatura, etc.).

Esta ausência intencional de suporte de funcionalidades é considerada pelos autores como uma vantagem significativa. O núcleo trata dos aspectos fundamentais do protocolo, nomeadamente, estabelecer um mecanismo para trocar um nome de utilizador e uma senha por um token com direitos definidos e fornecer ferramentas para proteger o token.

É importante compreender que a segurança e a privacidade não são garantidas pelo protocolo. De facto, o OAuth, por si só, não proporciona qualquer privacidade e depende de outros protocolos, como o SSL, para o conseguir. O OAuth pode ser implementado de forma segura.

De facto, a especificação inclui considerações de segurança substanciais que devem ser tidas em conta quando se trabalha com dados sensíveis.

Com o Oauth, os sítios utilizam tokens associados a segredos partilhados para aceder a recursos. Os segredos, tal como as palavras-passe, devem ser protegidos.

4.9.3 ID aberta

O Open ID é uma norma aberta e descentralizada para autenticação de utilizadores e controlo de acesso que permite aos utilizadores iniciarem sessão em muitos serviços utilizando a mesma identidade digital.

É um método de controlo de acesso de início de sessão único (SSO). Como tal, substitui o processo de início de sessão comum (ou seja, um nome de início de sessão e uma palavra-passe), permitindo que os utilizadores iniciem sessão uma vez e obtenham acesso a recursos em todos os sistemas participantes.

O protocolo de autenticação Open ID original foi desenvolvido em maio de 2005 por Brad Fitzpatrick, criador do popular sítio Web comunitário Live Journal.

No final de junho de 2005, começaram as discussões entre os programadores do Open ID e outros programadores de uma empresa de software empresarial chamada Net Mesh. Essas discussões levaram a uma maior colaboração na interoperabilidade entre o Open ID e o protocolo semelhante LightWeight Identity (LID) da Net Mesh.

O resultado direto da colaboração foi o protocolo de descoberta Yadis, que foi anunciado em 24 de outubro de 2005. A especificação Yadis fornece um identificador de uso geral para uma pessoa e qualquer outra entidade, que pode ser usado com uma variedade de serviços.

Fornece a sintaxe para um documento de descrição de recursos que identifica os serviços disponíveis utilizando esse identificador e uma interpretação dos elementos desse documento. O protocolo de pesquisa Yadis é utilizado para obter um documento de descrição de recursos, dado esse identificador.

Em conjunto, estes elementos permitem a coexistência e a interoperabilidade de uma grande variedade de serviços utilizando um único identificador. O identificador utiliza uma sintaxe normalizada e um espaço de nomes bem estabelecido e não requer qualquer infraestrutura adicional de administração do espaço de nomes.

Um Open ID tem a forma de um URL único e é autenticado pela entidade que aloja o URL do Open ID. O protocolo Open ID não depende de uma autoridade central para autenticar a identidade de um utilizador.

Nem o protocolo Open ID nem quaisquer sítios Web que exijam identificação podem exigir a utilização de um tipo específico de autenticação; são permitidas formas não normalizadas de autenticação, como cartões inteligentes, biometria ou palavras-passe normais.

Um cenário típico para utilizar o Open ID pode ser algo do género:

Um utilizador visita um sítio Web que apresenta um formulário de início de sessão do Open ID

Ao contrário de um formulário de início de sessão típico, que tem campos para o nome de utilizador e a palavra-passe, o formulário de início de sessão do Open ID tem apenas um campo para o identificador do Open ID (que é um URL do Open ID).

Este formulário está ligado a uma implementação de uma biblioteca de clientes Open ID.

Um utilizador terá previamente registado um identificador Open ID junto de um fornecedor de identidade Open ID.

O utilizador digita este identificador do Open ID no formulário de início de sessão do Open ID.

A parte confiante solicita então a página Web localizada nesse URL e lê uma etiqueta de ligação HTML para descobrir o URL do serviço do fornecedor de identidade.

Com o Open ID 2.0, o cliente descobre o URL do serviço do fornecedor de identidade solicitando o documento XRDS (também designado por documento Yadis) com o tipo de conteúdo application/xrds+xml, que pode estar disponível no URL de destino, mas está sempre disponível para um XRI de destino.

Existem dois modos através dos quais a parte de confiança pode comunicar com o fornecedor de identidade: checkid_immediate e checkid_setup.

No checkid_immediate, a parte confiável solicita que o fornecedor não interaja com o utilizador. Toda a comunicação é retransmitida através do browser do utilizador sem o notificar explicitamente.

No checkid_setup, o utilizador comunica diretamente com o servidor do fornecedor utilizando o mesmo navegador Web que é utilizado para aceder ao site da parte fiável. O Open ID não fornece os seus próprios métodos de autenticação, mas se um fornecedor de identidade utilizar uma autenticação forte, o Open ID pode ser utilizado para transacções seguras.

SSL/TLS Transport Layer Security (TLS) e o seu antecessor, Secure Sockets Layer (SSL), são protocolos criptograficamente seguros concebidos para fornecer segurança e integridade de dados para comunicações através de TCP/IP. O TLS e o SSL encriptam os segmentos das ligações de rede na camada de transporte. Várias versões dos protocolos são de uso geral em navegadores Web, correio eletrónico, mensagens instantâneas e VoIP (Voice-over-IP).

O TLS é um protocolo normalizado da IETF que foi atualizado pela última vez no RFC 5246. O protocolo TLS permite que as aplicações cliente/servidor comuniquem através de uma rede de uma forma especificamente concebida para impedir a escuta, a adulteração e a falsificação de mensagens.

O TLS fornece autenticação de ponto de extremidade e confidencialidade de dados usando criptografia. A autenticação TLS é uma forma de autenticar o servidor, porque o cliente já conhece a identidade do servidor. Neste caso, o cliente permanece não autenticado.

O TLS também suporta um modo de ligação bilateral mais seguro, através do qual ambas as extremidades da ligação podem ter a certeza de que estão a comunicar com quem acreditam estar ligados. Este modo é conhecido como autenticação mútua.

A autenticação mútua requer que o lado do cliente TLS também mantenha um certificado.

O TLS envolve três fases básicas:

o Negociação entre pares para suporte de algoritmos

o Troca de chaves e autenticação

o Encriptação por cifra simétrica e autenticação de mensagens

CAPÍTULO V

TECNOLOGIAS E AVANÇOS NA NUVEM

Hadoop - Map Reduce - Virtual Box -- Google App Engine - Ambiente de programação para o Google App Engine - Open Stack - Federação na nuvem - Quatro níveis de federação - Serviços e aplicativos federados - Futuro da federação.

5.1 Hadoop

O Hadoop é uma implementação de código aberto do Map Reduce codificada e lançada em Java (em vez de C) pela Apache.

A implementação Hadoop do Map Reduce utiliza o Hadoop Distributed File System (HDFS) como camada subjacente em vez do GFS.

O núcleo do Hadoop está dividido em duas camadas fundamentais:

o Motor de redução de mapas

o HDFS

Motor de redução de mapas: O motor de computação executado sobre o HDFS como gestor de armazenamento de dados. O HDFS é um sistema de ficheiros distribuído inspirado no GFS que organiza ficheiros e armazena os seus dados num sistema de computação distribuído.

Arquitetura do HDFS: O HDFS tem uma arquitetura mestre/escravo que contém um único nó de nome como mestre e um número de nós de dados como trabalhadores (escravos).

Para armazenar um ficheiro nesta arquitetura, o HDFS divide o ficheiro em blocos de tamanho fixo (por exemplo, 64 MB) e armazena-os em trabalhadores (nós de dados).

O mapeamento de blocos para nós de dados é determinado pelo nó de nome. O Nó de Nome (mestre) também gere os metadados e o espaço de nomes do sistema de ficheiros.

Nestes sistemas, o espaço de nomes é a área que mantém os metadados e os metadados referem-se a toda a informação armazenada por um sistema de ficheiros que é necessária para a gestão global de todos os ficheiros.

Por exemplo, o Nó de Nome nos metadados armazena toda a informação relativa à localização das partições/blocos de entrada em todos os Nós de Dados.

Cada nó de dados, normalmente um por nó num cluster, gere o armazenamento ligado ao nó. Cada nó de dados é responsável por armazenar e recuperar os seus blocos de ficheiros.

Caraterísticas do HDFS: Os sistemas de ficheiros distribuídos têm requisitos especiais, como o desempenho, a escalabilidade, o controlo da concorrência, a tolerância a falhas e os requisitos de segurança, para funcionarem de forma eficiente.

No entanto, como o HDFS não é um sistema de ficheiros de uso geral, uma vez que apenas executa tipos específicos de aplicações, não necessita de todos os requisitos de um sistema de ficheiros distribuído geral.

Um dos principais aspectos do HDFS é a sua caraterística de tolerância a falhas. Uma vez que o Hadoop foi concebido para ser implementado em hardware de baixo custo por defeito, uma falha de hardware neste sistema é considerada comum e não uma exceção.

O Hadoop considera as seguintes questões para cumprir os requisitos de fiabilidade do sistema de ficheiros.

Replicação de blocos: Para armazenar dados de forma fiável no HDFS, os blocos de ficheiros são replicados neste sistema. O fator de replicação é definido pelo utilizador e é três por predefinição.

Posicionamento de réplicas: A colocação de réplicas é outro fator para cumprir a tolerância a falhas desejada no HDFS.

Mensagens de relatório Heartbeat e Block: Os relatórios Heartbeats e Block são mensagens periódicas enviadas para o Nó de Nome por cada Nó de Dados num cluster.

As aplicações executadas no HDFS têm normalmente grandes conjuntos de dados, os ficheiros individuais são divididos em grandes blocos (por exemplo, 64 MB) para permitir que o HDFS diminua a quantidade de armazenamento de metadados necessária por ficheiro.

Isto proporciona duas vantagens:

A lista de blocos por ficheiro diminui à medida que o tamanho dos blocos individuais aumenta.

Manter grandes quantidades de dados sequencialmente dentro de um bloco permite leituras rápidas de dados em fluxo contínuo.

Operação HDFS: O fluxo de controlo das operações HDFS, como a escrita e a leitura, pode realçar corretamente as funções do Nó de Nome e dos Nós de Dados nas operações de gestão Para ler um ficheiro no HDFS, um utilizador envia um pedido "open" ao Nó de Nome para obter a localização dos blocos de ficheiro. Para cada bloco de ficheiro, o Nó de Nome devolve o endereço de um conjunto de Nós de Dados que contém informações de réplica para o ficheiro solicitado.

O número de endereços depende do número de réplicas de blocos. Ao receber esta informação, o utilizador chama a função de leitura para se ligar ao nó de dados mais próximo que contém o primeiro bloco do ficheiro.

Depois de o primeiro bloco ser transmitido do respetivo nó de dados para o utilizador, a ligação estabelecida é terminada e o mesmo processo é repetido para todos os blocos do ficheiro solicitado até que todo o ficheiro seja transmitido para o utilizador.

Para escrever um ficheiro no HDFS, um utilizador envia um pedido "create" ao Nó de Nome para criar um novo ficheiro no espaço de nomes do sistema de ficheiros. Se o ficheiro não existir, o Nó de Nome notifica o utilizador e permite-lhe começar a escrever dados no ficheiro chamando a função de escrita.

O primeiro bloco do ficheiro é escrito numa fila interna denominada fila de dados, enquanto um streamer de dados monitoriza a sua escrita num nó de dados.

Uma vez que cada bloco de ficheiro tem de ser replicado por um fator predefinido, o streamer de dados envia primeiro um pedido ao Nó de Nome para obter uma lista de Nós de Dados adequados para armazenar réplicas do primeiro bloco.

O vaporizador armazena então o bloco no primeiro nó de dados atribuído. Posteriormente, o bloco é encaminhado para o segundo nó de dados pelo primeiro nó de dados.

O processo continua até que todos os nós de dados atribuídos recebam uma réplica do primeiro bloco do nó de dados anterior.

Quando este processo de replicação é finalizado, o mesmo processo é iniciado para o segundo bloco e continua até que todos os blocos do ficheiro sejam armazenados e replicados no sistema de ficheiros.

5.2 Redução de mapas

A camada superior do Hadoop é o motor Map Reduce que gere o fluxo de dados e o fluxo de controlo das tarefas Map Reduce em sistemas de computação distribuídos.

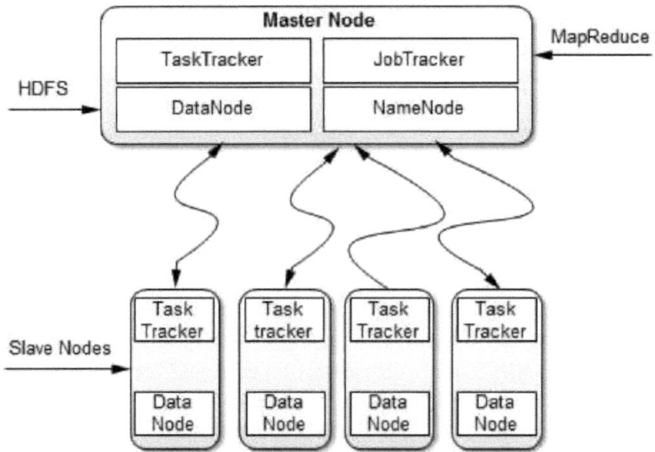

Figura 5.1 Arquitetura do HDFS e da Redução de Mapas

A Figura 5.1 mostra a arquitetura do motor Map Reduce que coopera com o HDFS.

À semelhança do HDFS, o motor Map Reduce também tem uma arquitetura mestre/escravo que consiste num único Job Tracker como mestre e vários Task Trackers como escravos (trabalhadores).

O Seguidor de tarefas gere a tarefa de redução de mapas num cluster e é responsável pela monitorização das tarefas e pela atribuição de tarefas aos Seguidores de tarefas.

O Seguidor de Tarefas gere a execução das tarefas de mapeamento e/ou redução num único nó de computação no cluster.

Cada nó do Rastreador de Tarefas tem um número de slots de execução simultâneos, cada um executando uma tarefa de mapa ou de redução.

Os slots são definidos como o número de threads simultâneos suportados pelas CPUs do nó do Task Tracker.

Por exemplo, um nó do Task Tracker com N CPUs, cada uma suportando M threads, tem M * N slots de execução simultânea.

É importante notar que cada bloco de dados é processado por uma tarefa map executada numa única ranhura.

Por conseguinte, existe uma correspondência de um para um entre as tarefas de mapa num Rastreador de Tarefas e os blocos de dados no respetivo Nó de Dados. Executando um trabalho no Hadoop

Três componentes contribuem para a execução de um trabalho neste sistema:

o Nó do utilizador

o Rastreador de empregos

o Rastreadores de tarefas

O fluxo de dados começa por chamar a função run Job (conf) dentro de um programa de utilizador executado no nó do utilizador, em que conf é um objeto que contém alguns parâmetros de afinação para a estrutura Map Reduce e o HDFS.

A função Run Job (conf) e conf são comparáveis à função Map Reduce (Spec, &Results) e Spec na primeira implementação do Map Reduce pelo Google.

A figura 5.2 mostra o fluxo de dados da execução de um trabalho de redução de mapas no

Hadoop. Submissão de trabalhos Cada trabalho é submetido de um nó de utilizador para o nó do Job Tracker, que pode estar situado num nó diferente dentro do cluster, através do seguinte procedimento.

Um nó de utilizador pede um novo ID de trabalho ao Job Tracker e calcula as divisões dos ficheiros de entrada.

O nó do utilizador copia alguns recursos, como o ficheiro JAR do trabalho, o ficheiro de configuração e as divisões de entrada calculadas, para o sistema de ficheiros do Job Tracker.

O nó do utilizador submete o trabalho ao Job Tracker chamando a função submit Job (). Atribuição de tarefas O Job Tracker cria uma tarefa de mapa para cada divisão de entrada computada pelo nó do utilizador e atribui as tarefas de mapa às ranhuras de execução dos Task Trackers.

O Job Tracker considera a localização dos dados quando atribui as tarefas de mapa aos Seguidores de Tarefas. O Job Tracker também cria tarefas de redução e as atribui aos Rastreadores de Tarefas. O número de tarefas de redução é pré-determinado pelo utilizador e não há qualquer consideração de localidade na sua atribuição. Execução da tarefa O fluxo de controlo para executar uma tarefa (mapa ou redução) começa dentro do Seguidor de Tarefas, copiando o ficheiro JAR do trabalho para o seu sistema de ficheiros.

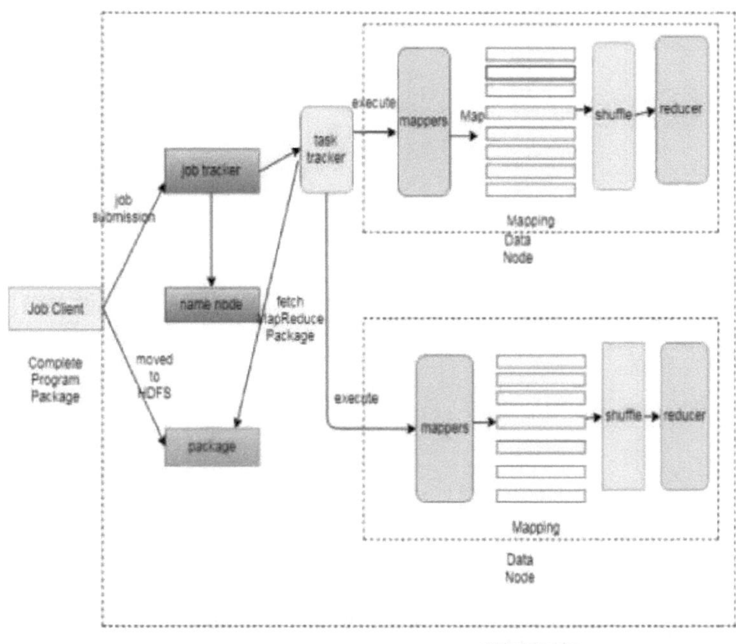

Fig 5.2 Fluxo de dados no Hadoop

As instruções dentro do ficheiro JAR do trabalho são executadas após o lançamento de uma máquina virtual Java (JVM) para executar a sua tarefa de mapeamento ou redução.

Verificação da execução da tarefa A verificação da execução da tarefa é efetuada através da receção periódica de mensagens de pulsação para o Job Tracker a partir dos Task Trackers.

Cada heartbeat notifica o Job Tracker de que o Task Tracker emissor está ativo e se o Task Tracker emissor está pronto para executar uma nova tarefa.

5.3 Caixa virtual

O Oracle VM Virtual Box é uma aplicação de virtualização multiplataforma. Por um lado, instala-se nos computadores existentes baseados em Intel ou AMD, quer estejam a executar sistemas operativos (SOs) Windows, Mac OS X, Linux ou Oracle Solaris.

Em segundo lugar, alarga as capacidades do computador existente para que possa executar vários sistemas operativos, dentro de várias máquinas virtuais, ao mesmo tempo.

Por exemplo, o utilizador final pode executar o Windows e o Linux no seu Mac, executar o Windows Server 2016 no seu servidor Linux, executar o Linux no seu PC Windows, etc., tudo isto juntamente com as aplicações existentes.

O utilizador pode instalar e executar tantas máquinas virtuais quantas quiser. Os únicos limites práticos são o espaço em disco e a memória. O Oracle VM Virtual Box é enganadoramente simples, mas também muito poderoso.

Pode ser executado em qualquer lugar, desde pequenos sistemas incorporados ou máquinas de classe desktop até implantações de centros de dados e até mesmo ambientes de nuvem.

A Virtual Box foi criada pela Innotek e foi adquirida pela Sun Microsystems. Em 2010, a Virtual Box foi adquirida pela Oracle.

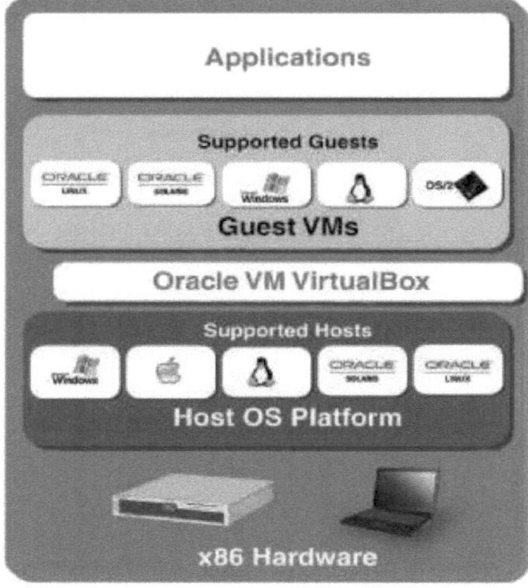

Fig 5.3 arquitetura da Virtual Box

Virtual Box suportado em Windows, macOS. Linux, Solaris e Open Solaris. A Figura 5.3 mostra a arquitetura do Virtual Box.

O utilizador pode configurar independentemente cada VM e executá-la sob uma escolha de virtualização baseada em software ou virtualização assistida por hardware, se o hardware anfitrião subjacente o suportar.

O SO anfitrião e os SOs e aplicações convidados podem comunicar entre si através de vários mecanismos, incluindo uma área de transferência comum e um recurso de rede virtualizada. As VMs convidadas também podem comunicar diretamente entre si se estiverem configuradas para tal.

A virtualização baseada em software foi abandonada a partir do Virtual Box 6.1. Nas versões anteriores, a ausência de virtualização assistida por hardware; o Virtual Box adopta uma abordagem padrão de virtualização baseada em software.

Este modo suporta SOs convidados de 32 bits que funcionam nos anéis 0 e 3 da arquitetura de anéis da Intel. O sistema reconfigura o código do SO convidado, que normalmente seria executado no anel 0, para ser executado no anel 1 no hardware do hospedeiro.

Uma vez que este código contém muitas instruções privilegiadas que não podem ser executadas nativamente no anel 1, o Virtual Box utiliza um Gestor de Análise e Verificação de Código (CSAM) para verificar o código do anel 0 recursivamente antes da sua primeira execução para identificar instruções problemáticas e, em seguida, chama o Gestor de Patches (PATM) para efetuar a correção in situ.

Isto substitui a instrução por um salto para um fragmento de código compilado equivalente, seguro para a VM, na memória do hipervisor.

O código do modo de utilizador convidado, executado no anel 3, geralmente é executado diretamente no hardware do anfitrião no anel 3.

Em ambos os casos, o Virtual Box utiliza o CSAM e o PATM para inspecionar e corrigir as instruções ofensivas sempre que ocorre uma falha.

O Virtual Box também contém uma recompilação dinâmica, baseada no QEMU, para recompilar inteiramente qualquer código em modo real ou em modo protegido.

A virtualização assistida por hardware está a começar com a versão 6.1, suportada apenas pelo Virtual Box. O Virtual Box suporta a virtualização assistida por hardware Intel VT-X e AMD-V.

Fazendo uso desses recursos, o Virtual Box pode executar cada VM convidada em seu próprio espaço de endereço separado. O código do anel 0 do SO convidado é executado no host no anel 0 no modo VMX não-root em vez de no anel 1.

Até então, o Virtual Box suportava especificamente alguns convidados (incluindo convidados de 64 bits, convidados SMP e determinados sistemas operativos proprietários) apenas em anfitriões com virtualização assistida por hardware **O sistema emula discos rígidos num de três formatos de imagem de disco:**

VDI: Este formato é a imagem de disco do Virtual Box específica do Virtual Box e armazena dados em ficheiros com um ".vdi" .

VMDK: Este formato aberto é utilizado pelos produtos VMware e armazena dados em um ou mais ficheiros com extensões de nome de ficheiro ".vmdk". Um único disco rígido virtual pode abranger vários ficheiros.

VHD: Este formato é utilizado pelo Windows Virtual PC e pelo Hyper-V e é o formato de disco virtual nativo do sistema operativo Microsoft Windows. Os dados neste formato são armazenados num único ficheiro com a extensão de nome de ficheiro ".vhd".

Uma máquina virtual Virtual Box pode, por conseguinte, utilizar discos previamente criados no VMware ou no Microsoft Virtual PC, bem como o seu próprio formato nativo. O Virtual Box também pode ligar-se a alvos ISCSI e a partições raw no anfitrião, utilizando-os como discos rígidos virtuais.

O Virtual Box tem suporte para o formato de virtualização aberto (OVF). Por defeito, o Virtual Box fornece suporte gráfico através de uma placa gráfica virtual personalizada para um adaptador de rede Ethernet, o Virtual Box virtualiza estas placas de interface de rede.

o AMD PC net PCI II

o AMD PC net-Fast III

o Computador de secretária Intel Pro/1000 MT

o Servidor Intel Pro/1000 MT

o Servidor Intel Pro/1000 T

o Adaptador de rede virtualizado Para

Para uma placa de som, o Virtual Box virtualiza o Intel HD Audio. Um controlador USB é emulado para que quaisquer dispositivos USB ligados ao anfitrião possam ser vistos no convidado. O Oracle VM Virtual Box foi concebido para ser modular e flexível. Quando a interface gráfica do utilizador (GUI) do Oracle VM Virtual Box é aberta e uma VM é iniciada, estão em execução pelo menos os três processos seguintes.

O V Box SVC é um processo de serviço do Oracle VM Virtual Box que é sempre executado em segundo plano. Este processo é iniciado automaticamente pelo primeiro processo de cliente do Oracle VM Virtual Box e sai pouco tempo depois de o último cliente sair.

O primeiro serviço do Oracle VM Virtual Box pode ser a GUI, o V Box Manage, o V Box Headless, o serviço Web, entre outros. O serviço é responsável pela contabilidade, pela manutenção do estado de todas as VMs e pela comunicação entre os componentes do Oracle VM Virtual Box.

O Oracle VM Virtual Box é fornecido com suporte abrangente para programadores terceiros. A API principal do Oracle VM Virtual Box expõe todo o conjunto de funcionalidades do motor de virtualização. A API principal é disponibilizada a clientes C++ através de COM em anfitriões Windows ou XPCOM noutros anfitriões. Existem também pontes para SOAP, Java e Python.

5.4 Google App Engine

A Google possui as maiores instalações de motores de pesquisa do mundo. A empresa tem uma vasta experiência no processamento massivo de dados, que conduziu a novas perspectivas na conceção de centros de dados e a novos modelos de programação que se adaptam a dimensões incríveis.

A plataforma Google baseia-se na sua experiência em motores de busca. A Google tem centenas de centros de dados e instalou mais de 460 000 servidores em todo o mundo. Por exemplo, 200 centros de dados da Google são utilizados em simultâneo para uma série de aplicações na nuvem. Os itens de dados são armazenados em texto, imagens e vídeo e são replicados para tolerar falhas ou avarias. O Google's App Engine (GAE) oferece uma plataforma PaaS que suporta várias aplicações Web e de nuvem.

A Google foi pioneira no desenvolvimento da nuvem, tirando partido do grande número de centros de dados que opera. Por exemplo, a Google foi pioneira em serviços de nuvem no Gmail, Google Docs e Google Earth, entre outras aplicações.

Estas aplicações podem suportar um grande número de utilizadores em simultâneo com HA. As realizações tecnológicas notáveis incluem o Google File System (GFS), Map Reduce, Big Table e Chubby. Em 2008, a Google anunciou a plataforma de aplicações Web GAE, que se está a tornar uma plataforma comum para muitos pequenos fornecedores de serviços na nuvem.

Esta plataforma é especializada no suporte de aplicações Web escaláveis (elásticas). O GAE permite que os utilizadores executem as suas aplicações num grande número de centros de dados associados às operações do motor de busca da Google.

5.4.1 Arquitetura GAE

A Figura 5.4 mostra os principais blocos de construção da plataforma de nuvem do Google, que tem sido usada para fornecer os serviços de nuvem destacados anteriormente. O GFS é utilizado para armazenar grandes quantidades de dados. O Map Reduce é utilizado no desenvolvimento de programas de aplicação. O Chubby é utilizado para serviços de bloqueio de aplicações distribuídas. A Big Table oferece um serviço de armazenamento para aceder a dados estruturados.

Os utilizadores podem interagir com as aplicações Google através da interface Web fornecida por cada aplicação. Os fornecedores de aplicações de terceiros podem utilizar o GAE para criar aplicações na nuvem para fornecer serviços. Todas as aplicações são executadas em centros de dados sob a gestão rigorosa dos engenheiros da Google. Dentro de cada centro de dados, há milhares de servidores formando diferentes clusters.

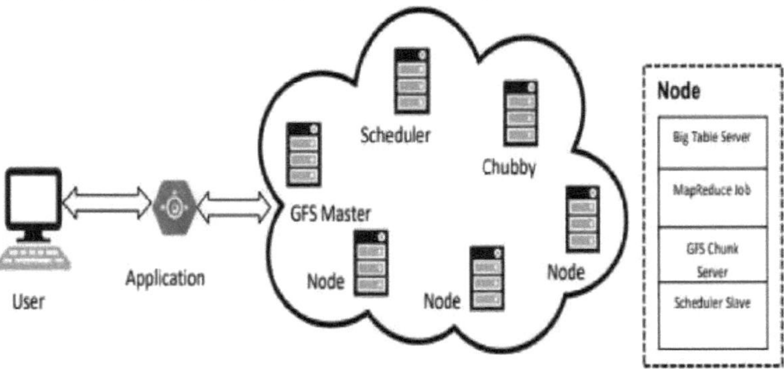

Fig 5.4 Plataforma de nuvem do Google

A Google é um dos maiores fornecedores de aplicações na nuvem, embora o seu programa de serviços fundamentais seja privado e as pessoas externas não possam utilizar a infraestrutura da Google para criar o seu próprio serviço.

Os elementos constitutivos da aplicação de computação em nuvem da Google incluem o sistema de ficheiros da Google para armazenar grandes quantidades de dados, a estrutura de programação Map Reduce para os criadores de aplicações, o Chubby para serviços de bloqueio de aplicações distribuídas e a Big Table como serviço de armazenamento para aceder a dados estruturais ou semi-estruturais.

Com esses blocos de construção, o Google criou muitos aplicativos em nuvem. A Figura 5.4 mostra a arquitetura geral da infraestrutura de nuvem da Google.

Uma configuração de cluster típica pode executar o sistema de ficheiros do Google, tarefas de redução de mapas e servidores de grandes tabelas para dados estruturados.

Serviços extras, como o Chubby para bloqueios distribuídos, também podem ser executados nos clusters. O GAE executa o programa do utilizador na infraestrutura da Google. Como é uma plataforma que executa programas de terceiros, os desenvolvedores de aplicativos agora não precisam se preocupar com a manutenção de servidores.

O GAE pode ser considerado como a combinação de vários componentes de software. O frontend é uma estrutura de aplicação que é semelhante a outras estruturas de aplicação Web, como ASP, J2EE e JSP.

No momento em que este artigo foi escrito, o GAE suporta ambientes de programação Python e Java. As aplicações podem ser executadas de forma semelhante aos contentores de aplicações Web. O frontend pode ser utilizado como a infraestrutura dinâmica de serviço Web que pode fornecer o suporte completo de tecnologias comuns.

5.4.2 Módulos funcionais do GAE

A plataforma GAE é composta pelos cinco componentes principais seguintes. O GAE não é uma plataforma de infraestrutura, mas sim uma plataforma de desenvolvimento de aplicações para os utilizadores.

O armazenamento de dados oferece serviços de armazenamento de dados orientados para objectos, distribuídos e estruturados com base em técnicas de Big Table. O armazenamento de dados assegura as operações de gestão de dados.

O ambiente de tempo de execução da aplicação oferece uma plataforma para programação e execução Web escaláveis. Suporta duas linguagens de desenvolvimento: Python e Java.

O kit de desenvolvimento de software (SDK) é utilizado para o desenvolvimento de aplicações locais. O SDK permite que os utilizadores executem testes de aplicações locais e carreguem o código da aplicação.

A consola de administração é utilizada para facilitar a gestão dos ciclos de desenvolvimento das aplicações dos utilizadores, em vez de ser utilizada para a gestão de recursos físicos.

A infraestrutura de serviços Web do GAE fornece interfaces especiais para garantir uma utilização e gestão flexíveis dos recursos de armazenamento e de rede pelo GAE.

A Google oferece serviços GAE essencialmente gratuitos a todos os proprietários de contas Gmail. O utilizador pode registar-se para obter uma conta GAE ou utilizar o nome da sua conta Gmail para se inscrever no serviço.

O serviço é gratuito dentro de uma quota. Se o utilizador exceder a quota, a página dá instruções sobre como pagar o serviço. Em seguida, o utilizador pode descarregar o SDK e ler o guia Python ou Java para começar. Note-se que o GAE só aceita as linguagens de programação Python, Ruby e Java. A plataforma não fornece nenhum serviço IaaS, ao contrário da Amazon, que oferece IaaS e PaaS.

Este modelo permite ao utilizador implementar aplicações criadas pelo utilizador sobre a infraestrutura de nuvem que são criadas utilizando as linguagens de programação e as ferramentas de software suportadas pelo fornecedor (por exemplo, Java, Python). O Azure faz isso de forma semelhante para .NET. O utilizador não gere a infraestrutura de nuvem subjacente.

O fornecedor de serviços de computação em nuvem facilita o apoio ao desenvolvimento de aplicações, testes e apoio à operação numa plataforma de serviços bem definida.

5.4.3 Aplicações GAE

As aplicações GAE mais conhecidas incluem o motor de pesquisa Google, o Google Docs, o Google Earth e o Gmail. Estas aplicações podem suportar um grande número de utilizadores em simultâneo. Os utilizadores podem interagir com as aplicações Google através da interface Web fornecida por cada aplicação.

Os fornecedores de aplicações de terceiros podem utilizar o GAE para criar aplicações na nuvem para fornecer serviços. Todos os aplicativos são executados nos centros de dados do Google. Dentro de cada centro de dados, pode haver milhares de nós de servidor para formar diferentes clusters.

Cada cluster pode executar servidores multiuso. O GAE suporta muitas aplicações Web. Uma delas é um serviço de armazenamento para guardar dados específicos da aplicação na infraestrutura Google. Os dados podem ser armazenados de forma persistente no servidor de armazenamento backend, ao mesmo tempo que permitem consultas, ordenação e até transacções semelhantes às dos sistemas de bases de dados tradicionais.

O GAE também fornece serviços específicos do Google, como o serviço de conta do Gmail.

Isso pode eliminar o trabalho tedioso de criar componentes personalizados de gerenciamento de usuários em aplicativos da Web.

5.5 Ambiente de programação para o Google App Engine

Vários recursos da web (por exemplo, http://code.google.com/appengine/) e livros e artigos específicos discutem como programar o GAE. A Figura 5.5 resume algumas caraterísticas chave do modelo de programação GAE para duas linguagens suportadas Java e Python. Um ambiente de cliente que inclui um plug-in Eclipse para Java permite-lhe depurar o seu GAE na sua máquina local. Além disso, o GWT Google Web Toolkit está disponível para os programadores de aplicações Web Java.

Os programadores podem utilizar esta ou qualquer outra linguagem que utilize um interpretador ou compilador baseado na JVM, como o JavaScript ou o Ruby. O Python é frequentemente utilizado com estruturas como o Django e o Cherry Py, mas a Google também fornece um ambiente Python integrado para aplicações Web.

Existem várias construções poderosas para armazenar e aceder a dados. O armazenamento de dados é um sistema de gestão de dados NOSQL para entidades que podem ter, no máximo, 1 MB de tamanho e são rotuladas por um conjunto de propriedades sem esquema.

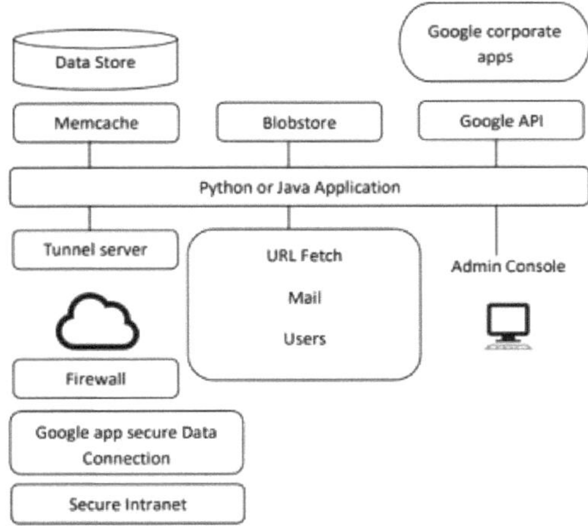

Fig 5.5 Ambiente de programação do Google App Engine

As consultas podem recuperar entidades de um determinado tipo, filtradas e ordenadas pelos valores das propriedades. Java oferece interfaces Java Data Object (JDO) e Java Persistence API (JPA) implementadas pela plataforma de código aberto Data Nucleus Access, enquanto Python tem uma linguagem de consulta semelhante à SQL chamada GQL.

O armazenamento de dados é fortemente consistente e utiliza um controlo de concorrência otimista. Uma atualização de uma entidade ocorre numa transação que é repetida um número fixo de vezes se outros processos estiverem a tentar atualizar a mesma entidade simultaneamente.

A aplicação do utilizador pode executar várias operações de armazenamento de dados numa única transação, que podem ser todas bem sucedidas ou falhar todas em conjunto. O armazenamento de dados implementa transacções na sua rede distribuída utilizando grupos de entidades.

Uma transação manipula entidades dentro de um único grupo. As entidades do mesmo grupo são armazenadas em conjunto para uma execução eficiente das transacções. A aplicação GAE do utilizador pode atribuir entidades a grupos quando as entidades são criadas.

O desempenho do armazenamento de dados pode ser melhorado através do armazenamento em cache na memória utilizando a cache me, que também pode ser utilizada independentemente do armazenamento de dados. Recentemente, a Google adicionou o armazenamento de blob, que é adequado para ficheiros grandes, uma vez que o seu limite de tamanho é de 2 GB.

Existem vários mecanismos para incorporar recursos externos. O Google SDC Secure Data Connection pode fazer um túnel através da Internet e ligar a sua intranet a uma aplicação GAE externa.

A operação URL Fetch fornece a capacidade de os aplicativos buscarem recursos e se comunicarem com outros hosts pela Internet usando solicitações HTTP e HTTPS. Existe um mecanismo de correio especializado para enviar correio eletrónico a partir da sua aplicação GAE.

Os aplicativos podem acessar recursos na Internet, como serviços da Web ou outros dados, usando o serviço de busca de URL do GAE. O serviço de busca de URL recupera recursos da Web usando a mesma infraestrutura de alta velocidade do Google que recupera páginas da Web para muitos outros produtos do Google.

Existem dezenas de instalações "corporativas" do Google, incluindo mapas, sites, grupos, calendário, documentos e YouTube, entre outros. Estes suportam a API de dados do Google que pode ser utilizada no GAE.

Uma aplicação pode utilizar as Contas do Google para autenticação do utilizador. As Contas do Google tratam da criação de contas de utilizador e do início de sessão, e um utilizador que já tenha uma conta Google (como uma conta Gmail) pode utilizar essa conta com a sua aplicação.

O GAE oferece a capacidade de manipular dados de imagem utilizando um serviço Images dedicado que pode redimensionar, rodar, inverter, cortar e melhorar imagens. Um aplicativo pode executar tarefas além de responder a solicitações da Web.

Um aplicativo GAE é configurado para consumir recursos até determinados limites ou cotas. Com as cotas, o GAE garante que seu aplicativo não exceda seu orçamento e que outros aplicativos em execução no GAE não afetem o desempenho do seu aplicativo.

Em particular, a utilização do GAE é gratuita até determinadas quotas. O GFS foi criado principalmente como o serviço de armazenamento fundamental para o mecanismo de pesquisa do Google. Como o tamanho dos dados da Web que eram rastreados e guardados era bastante substancial, a Google precisava de um sistema de ficheiros distribuído para armazenar de forma redundante grandes quantidades de dados em computadores baratos e pouco fiáveis.

Além disso, o GFS foi concebido para as aplicações Google e as aplicações Google foram criadas para o GFS.

Na conceção tradicional de sistemas de ficheiros, esta filosofia não é atraente, uma vez que deve existir uma interface clara entre as aplicações e o sistema de ficheiros, como uma interface POSIX. O GFS normalmente contém um grande número de ficheiros enormes, cada um com 100 MB ou mais, sendo bastante comuns ficheiros com vários GB de tamanho.

Assim, a Google escolheu que o tamanho do bloco de dados do ficheiro fosse de 64 MB em vez dos 4 KB dos sistemas de ficheiros tradicionais típicos. O padrão de E/S na aplicação Google também é especial. Normalmente, os ficheiros são escritos uma vez e as operações de

escrita consistem frequentemente em acrescentar blocos de dados ao fim dos ficheiros.
Podem ser efectuadas várias operações de anexação em simultâneo. A Big Table foi concebida para fornecer um serviço de armazenamento e recuperação de dados estruturados e semi-estruturados. As aplicações da Big Table incluem o armazenamento de páginas Web, dados por utilizador e localizações geográficas.

A escala desses dados é incrivelmente grande. Haverá milhares de milhões de URLs e cada URL pode ter muitas versões, com um tamanho médio de página de cerca de 20 KB por versão. A escala do utilizador também é enorme.

Existem centenas de milhões de utilizadores e haverá milhares de consultas por segundo. A mesma escala ocorre com os dados geográficos, que podem consumir mais de 100 TB de espaço em disco. Não é possível resolver uma escala tão grande de dados estruturados ou semi-estruturados utilizando um sistema de base de dados comercial.

Esta é uma razão para reconstruir o sistema de gestão de dados e o sistema resultante pode ser aplicado em muitos projectos com um custo incremental baixo. A outra motivação para reconstruir o sistema de gestão de dados é o desempenho.

As optimizações de armazenamento de baixo nível ajudam a aumentar o desempenho de forma significativa, o que é muito mais difícil de fazer quando se executa em cima de uma camada de base de dados tradicional. A conceção e implementação do sistema Big Table tem os seguintes objectivos

As aplicações pretendem que os processos assíncronos actualizem continuamente diferentes partes dos dados e pretendem ter acesso aos dados mais actuais em qualquer altura. A base de dados tem de suportar taxas de leitura/escrita muito elevadas e a escala pode ser de milhões de operações por segundo.

A aplicação pode precisar de examinar as alterações de dados ao longo do tempo. Assim, a Big Table pode ser vista como um mapa multinível distribuído. Fornece uma base de dados persistente e tolerante a falhas como num serviço de armazenamento.

O sistema Big Table é escalável, o que significa que o sistema tem milhares de servidores, terabytes de dados em memória, peta bytes de dados baseados em disco, milhões de leituras/escritas por segundo e análises eficientes. A Big Table é um sistema de auto-gestão (ou seja, os servidores podem ser adicionados/retirados dinamicamente e possui um equilíbrio de carga automático).

Chubby, o serviço de bloqueio distribuído da Google O Chubby tem como objetivo fornecer um serviço de bloqueio de granularidade grosseira. Pode armazenar pequenos ficheiros no armazenamento Chubby, que fornece um espaço de nomes simples como uma árvore do sistema de ficheiros. Os ficheiros armazenados no Chubby são bastante pequenos em comparação com os ficheiros enormes do GFS.

5.6 Pilha aberta

O projeto Open Stack é uma plataforma de computação em nuvem de código aberto para todos os tipos de nuvens, cujo objetivo é ser simples de implementar, massivamente escalável e rica em funcionalidades. O projeto Open Stack é criado por programadores e tecnólogos de computação em nuvem de todo o mundo.

O Open Stack fornece uma solução de Infraestrutura como Serviço (IaaS) através de um conjunto de serviços inter-relacionados. Cada serviço oferece uma interface de programação de aplicações (API) que facilita esta integração.

Dependendo das suas necessidades, o administrador pode instalar alguns ou todos os serviços. O Open Stack começou em 2010 como um projeto conjunto do Rack space Hosting e da

NASA. A partir de 2012, passou a ser gerido pela Open Stack Foundation, uma entidade empresarial sem fins lucrativos criada em setembro de 2013 para promover o software Open Stack e a sua comunidade.

Atualmente, mais de 500 empresas aderiram ao projeto. O sistema Open Stack consiste em vários serviços-chave que são instalados separadamente. Estes serviços funcionam em conjunto, dependendo das suas necessidades de nuvem e incluem os serviços de computação, identidade, rede, imagem, armazenamento em bloco, armazenamento de objectos, telemetria, orquestração e base de dados.

O administrador pode instalar qualquer um destes projectos separadamente e configurá-los de forma autónoma ou como entidades ligadas. A Figura 5.6 mostra as relações entre os serviços do Open Stack.

Para conceber, implementar e configurar o Open Stack, os administradores têm de compreender a arquitetura lógica. O Open Stack consiste em várias partes independentes, denominadas serviços do Open Stack. Todos os serviços se autenticam por meio de um serviço de identidade comum.

Os serviços individuais interagem uns com os outros através de APIs públicas, exceto quando são necessários comandos privilegiados de administrador. Internamente, os serviços Open Stack são compostos por vários processos.

Todos os serviços têm pelo menos um processo de API, que escuta os pedidos de API, os pré-processa e os transmite a outras partes do serviço. Com exceção do serviço Identity, o trabalho real é feito por processos distintos.

Para a comunicação entre os processos de um serviço, é utilizado um corretor de mensagens AMQP. O estado do serviço é armazenado numa base de dados.

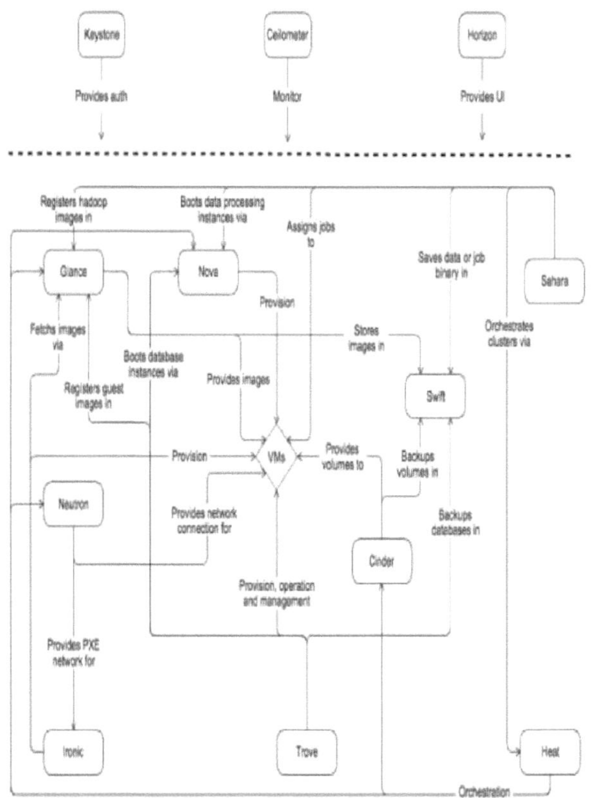

Fig 5.6 Relação entre os serviços Open Stack

Ao implantar e configurar a nuvem do Open Stack, o administrador pode escolher entre várias soluções de corretor de mensagens e banco de dados, como Rabbit MQ, My SQL, Maria DB e SQLite. Os utilizadores podem aceder ao Open Stack através da interface de utilizador baseada na Web implementada pelo Horizon Dashboard, através de clientes de linha de comandos e emitindo pedidos de API através de ferramentas como plug-ins de browser ou curl.

Para as aplicações, estão disponíveis vários SDK. Em última análise, todos estes métodos de acesso emitem chamadas à API REST para os vários serviços Open Stack.

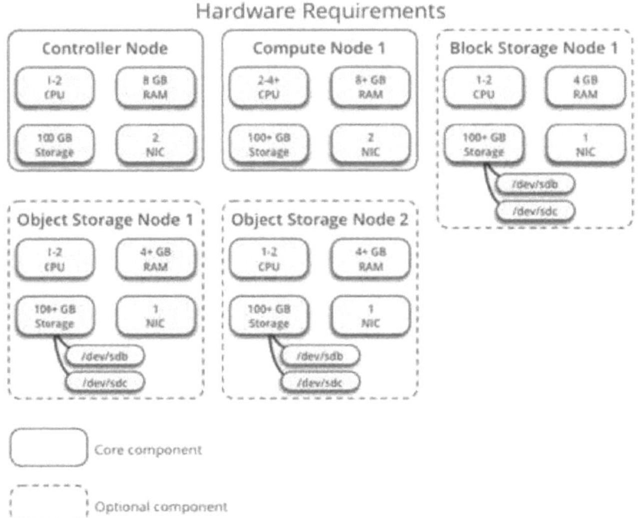

Fig 5.7 Exemplo de arquitetura Open Stack

O nó do controlador executa o serviço Identity, o serviço Image e o serviço Placement, as partes de gestão do Compute, a parte de gestão do Networking, vários agentes de Networking e o Dashboard. Inclui também serviços de suporte, como uma base de dados SQL, fila de mensagens e NTP.

Opcionalmente, o nó do controlador executa partes dos serviços de Armazenamento de Blocos, Armazenamento de Objectos, Orquestração e Telemetria. O nó do controlador requer um mínimo de duas interfaces de rede. O nó de computação executa a parte do hipervisor do Compute que opera as instâncias. Por predefinição, o Compute utiliza o hipervisor KVM.

O nó de computação também executa um agente de serviço de rede que liga instâncias a redes virtuais e fornece serviços de firewall a instâncias através de grupos de segurança. O administrador pode implementar mais do que um nó de computação. Cada nó requer um mínimo de duas interfaces de rede.

O nó de Armazenamento em Bloco opcional contém os discos que os serviços de Armazenamento em Bloco e Sistema de Ficheiros Partilhado fornecem às instâncias. Para simplificar, o tráfego de serviço entre os nós de computação e este nó usa a rede de gerenciamento.

Os ambientes de produção devem implementar uma rede de armazenamento separada para aumentar o desempenho e a segurança. O administrador pode implementar mais do que um nó de armazenamento de blocos. Cada nó requer um mínimo de uma interface de rede.

O nó opcional Armazenamento de Objetos contém os discos que o serviço Armazenamento de Objetos usa para armazenar contas, contêineres e objetos. Para simplificar, o tráfego de serviço entre os nós de computação e esse nó usa a rede de gerenciamento.

Os ambientes de produção devem implementar uma rede de armazenamento separada para aumentar o desempenho e a segurança. Este serviço requer dois nós. Cada nó requer um mínimo de uma interface de rede. O administrador pode implementar mais de dois nós de armazenamento de objectos.

A opção de redes de fornecedores implementa o serviço Open Stack Networking da forma mais simples possível, principalmente com serviços de camada 2 (bridging/switching) e segmentação de redes VLAN.

Essencialmente, faz a ponte entre redes virtuais e redes físicas e depende da infraestrutura de rede física para serviços de camada 3 (encaminhamento). Além disso, um serviço DHCP fornece informações de endereço IP às instâncias.

5.7 Federação na nuvem

Um desafio na criação e gestão de um ambiente de computação em nuvem globalmente descentralizado é a manutenção de uma conetividade consistente entre componentes não fiáveis, mantendo-se tolerante a falhas.

Uma oportunidade fundamental para o sector emergente da computação em nuvem será a definição de um ecossistema de computação em nuvem federado, ligando vários fornecedores de computação em nuvem através de uma norma comum.

Um projeto de investigação notável que está a ser conduzido pela Microsoft chama-se Geneva Framework. Este quadro centra-se nas questões relacionadas com a federação de nuvens. O Geneva foi descrito como uma plataforma de acesso baseada em reivindicações e diz-se que ajuda a simplificar o acesso a aplicações e outros sistemas.

O conceito permite que vários fornecedores interajam sem problemas com outros e permite que os programadores incorporem vários modelos de autenticação que funcionarão com qualquer sistema de identidade empresarial, incluindo o Active Diretory, diretórios baseados em LDAPv3, bases de dados específicas de aplicações e novos modelos de identidade centrados no utilizador, como o Live ID, Open ID e sistemas Info Card. Também suporta o Card Space da Microsoft e o Digital Me da Novell.

A federação na nuvem é implementada através da utilização da norma da Internet Engineering Task Force (IETF) Extensible Messaging and Presence Protocol (XMPP) e da federação interdomínios utilizando a Jabber Extensible Communications Platform (Jabber XCP).

Porque este protocolo é atualmente utilizado por uma vasta gama de serviços existentes oferecidos por fornecedores tão diversos como o Google Talk, o Live Journal, o Earth link, o Face book, o Twitter, o U.S. Marines Corps, a Defense Information Systems Agency (DISA), o U.S. Joint Forces Command (USJFCOM) e o National Weather Service.

O Jabber XCP é uma solução de presença altamente escalável, extensível, disponível, disponível e agnóstica em relação aos dispositivos, construída sobre o XMPP e que suporta vários protocolos, como o Session Initiation Protocol for Instant Messaging e Presence Levering Extensions (SIP).O Jabber XCP é uma solução de presença altamente escalável, extensível, disponível e independente de dispositivos, baseada no XMPP e que suporta vários protocolos, tais como o Protocolo de Iniciação de Sessão para Extensões de Mensagens Instantâneas e Presença (SIMPLE) e o Serviço de Mensagens Instantâneas e Presença (IMPS). O Jabber XCP é uma plataforma altamente programável, o que a torna ideal para adicionar presença e mensagens a aplicações ou serviços existentes e para criar soluções de próxima geração baseadas na presença.

Nos últimos anos, tem-se gerado uma controvérsia nas arquitecturas de serviços Web. Os serviços em nuvem estão a ser apresentados como uma mudança fundamental na arquitetura da Web que promete fazer-nos passar de silos interligados para uma rede colaborativa de serviços cuja soma é maior do que as partes.

O problema é que os protocolos que alimentam os actuais serviços em nuvem, SOAP (Simple Object Access Protocol) e alguns outros protocolos baseados em HTTP, são todos trocas de informação unidireccionais. Por conseguinte, os serviços em nuvem não são em tempo real, não são escaláveis e, muitas vezes, não conseguem ultrapassar a firewall. Muitos acreditam que essas barreiras podem ser superadas pelo XMPP (também chamado Jabber) como o protocolo que alimentará os modelos de Software como Serviço (SaaS) de amanhã. Nos últimos anos, a Google, a Apple, a AOL, a IBM, o Live Journal e a Jive incorporaram este protocolo nas suas soluções baseadas na nuvem. Desde o início da era da Internet, se o utilizador quisesse sincronizar serviços entre dois servidores, a solução mais comum era fazer com que o cliente "pingasse" o anfitrião a intervalos regulares, o que é conhecido como polling. O polling é a forma como a maioria de nós verifica o nosso correio eletrónico.

O perfil do XMPP tem vindo a ganhar progressivamente desde a sua criação como protocolo subjacente ao servidor de mensagens instantâneas (IM) de código aberto jabberd em 1998. As vantagens do XMPP incluem. É descentralizado, o que significa que qualquer pessoa pode configurar um servidor XMPP.

Baseia-se em normas abertas. É maduro e existem múltiplas implementações de clientes e servidores. A segurança robusta é suportada através da Simple Authentication and Security Layer (SASL) e da Transport Layer Security (TLS). É flexível e concebido para ser alargado.

O XMPP é uma boa opção para a computação em nuvem porque permite uma comunicação bidirecional fácil. O XMPP elimina a necessidade de sondagem e centra-se numa funcionalidade rica de publicação e subscrição. Baseia-se em XML e é facilmente extensível, o que o torna perfeito tanto para novas funcionalidades de MI como para serviços de nuvem personalizados.

É eficiente e está provado que pode ser dimensionado para milhões de utilizadores simultâneos num único serviço (como o G Talk da Google). Além disso, tem um modelo de federação mundial incorporado. Naturalmente, o XMPP não é o único facilitador de pub-sub que está a suscitar grande interesse por parte dos programadores de aplicações Web.

Um servidor suportado pelo Amazon EC2 pode executar o Jetty e o Cometd a partir do Dojo. Ao contrário do XMPP, o Comet é baseado em HTTP e, em conjunto com o Protocolo Bayeux, usa JSON para trocar dados.

Dada a atual penetração no mercado e a utilização extensiva do XMPP e do XCP para a federação na nuvem e o facto de ser o protocolo aberto dominante nesse espaço. A capacidade de trocar dados utilizados para presença, mensagens, voz, vídeo, ficheiros, notificações, etc., com pessoas, dispositivos e aplicações ganha mais poder quando pode ser partilhada entre organizações e com outros fornecedores de serviços.

A federação difere do peering, que requer um acordo prévio entre as partes antes de poder ser estabelecida uma ligação servidor-servidor (S2S). No passado, o peering era mais comum entre os fornecedores de telecomunicações tradicionais (devido ao elevado custo da transferência de tráfego de voz).

No admirável mundo novo da Internet, a federação tornou-se uma norma de facto para a maioria dos sistemas de correio eletrónico, uma vez que são federados dinamicamente através das definições do Sistema de Nomes de Domínio (DNS) e das configurações do servidor.

5.8 Quatro níveis de federação

A federação é a capacidade de dois servidores XMPP em domínios diferentes trocarem estrofes XML. De acordo com a norma XEP-0238: XMPP Protocol Flows for Inter-Domain Federation (Fluxos do protocolo XMPP para federação entre domínios), existem pelo menos quatro tipos básicos de federação:

Federação permissiva

A federação permissiva ocorre quando um servidor aceita uma ligação de um servidor de rede de pares sem verificar a sua identidade utilizando pesquisas de DNS ou verificação de certificados.

A falta de verificação ou autenticação pode levar à falsificação de domínio (a utilização não autorizada de um nome de domínio de terceiros numa mensagem de correio eletrónico para fingir ser outra pessoa), o que abre a porta a spam generalizado e outros abusos. Com o lançamento do servidor de código aberto jabberd 1.2 em outubro de 2000, que incluía o suporte para o protocolo Server Dialback (totalmente suportado no Jabber XCP), a federação permissiva conheceu o seu fim na rede XMPP.

Federação verificada

Este tipo de federação ocorre quando um servidor aceita uma ligação de um par depois de a identidade do par ter sido verificada. Utiliza informações obtidas através do DNS e por meio de chaves específicas do domínio trocadas previamente. A ligação não é encriptada e a utilização da verificação de identidade impede efetivamente a falsificação de domínios. Para que isto funcione, a federação exige uma configuração correta do DNS, que continua a estar sujeito a ataques de envenenamento do DNS.

Federação encriptada

Neste modo, um servidor aceita uma ligação de um par se e só se o par suportar Transport Layer Security (TLS), tal como definido para o XMPP no Request for Comments (RFC) 3920. O par deve apresentar um certificado digital. O certificado pode ser auto-assinado, mas isso impede a utilização da autenticação mútua.

A XEP-0220 define o protocolo Server Dial back, que é utilizado entre servidores XMPP para efetuar a verificação da identidade. O Server Dial back utiliza o DNS como base para a verificação da identidade. A abordagem básica é que, quando um servidor de receção recebe um pedido de ligação servidor-a-servidor de um servidor de origem, não aceita o pedido até ter verificado uma chave com um servidor autoritativo para o domínio afirmado pelo servidor de origem.

Embora o Server Dial back não forneça uma autenticação forte ou uma federação fiável, e embora esteja sujeito a ataques de envenenamento de DNS, tem impedido eficazmente a maioria das instâncias de falsificação de endereços na rede XMPP desde o seu lançamento em 2000.

Federação de confiança

Nesta federação, um servidor só aceita uma ligação de um par se o par suportar TLS e se o par puder apresentar um certificado digital emitido por uma autoridade de certificação de raiz (CA) em que o servidor de autenticação confie.

A lista de CAs de raiz de confiança pode ser determinada por um ou mais factores, como o sistema operativo, o software do servidor XMPP ou a política de serviço local. Na federação de confiança, a utilização de certificados digitais resulta não só numa encriptação do canal, mas também numa autenticação forte. A utilização de certificados de domínio fiáveis impede eficazmente os ataques de envenenamento do DNS, mas torna a federação mais difícil, uma vez que esses certificados não são tradicionalmente fáceis de obter.

5.9 Serviços e aplicações federados

A federação S2S é um bom começo para a construção de uma nuvem de comunicações em tempo real. As nuvens são normalmente constituídas por todos os utilizadores, dispositivos, serviços e aplicações ligados à rede. Para aproveitar ao máximo os recursos dessa estrutura de nuvem, um participante precisa ter a capacidade de encontrar outras entidades de interesse. Essas entidades podem ser utilizadores finais, salas de conversação multiutilizadores, feeds de conteúdos em tempo real, diretórios de utilizadores, retransmissores de dados, gateways de mensagens, etc. Encontrar estas entidades é um processo designado por descoberta. O protocolo de descoberta permite a qualquer participante na rede consultar outra entidade relativamente à sua identidade, capacidades e entidades associadas. Quando um participante se liga à rede, consulta o servidor autoritativo do seu domínio específico sobre as entidades associadas a esse servidor autoritativo.

Em resposta a uma consulta de descoberta de serviço, o servidor autoritativo informa o inquiridor sobre os serviços aí alojados e pode também detalhar serviços que estão disponíveis mas alojados noutro local. O XMPP inclui um método para manter listas pessoais de outras entidades, conhecido como tecnologia de lista, que permite aos utilizadores finais acompanhar vários tipos de entidades.

Normalmente, estas listas são compostas por outras entidades nas quais os utilizadores estão interessados ou com as quais interagem regularmente. A maioria das implementações XMPP inclui diretórios personalizados para que os utilizadores internos desses serviços possam encontrar facilmente o que procuram.

5.10 Futuro da Federação

A implementação de comunicações federadas é um precursor da construção de uma nuvem sem descontinuidades que pode interagir com pessoas, dispositivos, feeds de informação, documentos, interfaces de aplicações e outras entidades. O poder de uma infraestrutura de comunicações federada e de presença é permitir que os criadores de software e os fornecedores de serviços criem e implementem essas aplicações sem pedir autorização a um grande operador de comunicações centralizado.

O processo de federação servidor a servidor para efeitos de comunicação entre domínios desempenhou um papel importante no êxito do XMPP, que se baseia num pequeno conjunto de mecanismos simples mas poderosos de verificação e segurança do domínio para gerar ligações verificadas, encriptadas e fiáveis entre quaisquer dois servidores implantados. Estes mecanismos forneceram uma base estável e segura para o crescimento da rede XMPP e de tecnologias semelhantes em tempo real.

REFERÊNCIAS

[1] Garrison, G., Kim, S., Wakefield, R.L.: Factores de sucesso para a implementação da computação em nuvem. Commun. ACM. 55, 62-68 (2012).

[2] Herhalt, J., Cochrane, K.: Exploring the Cloud: A Global Study of Governments' Adoption of Cloud (2012).

[3] Venters, W., Whitley, E.A.: Uma análise crítica da computação em nuvem: Researching Desires and Realities. J. Inf. Technol. 27, 179-197 (2012).

[4] Yang, H., Tate, M.: A Descriptive Literature Review and Classification of Cloud Computing Research. Commun. Assoc. Inf. Syst. 31 (2012).

[5] Marston, S., Li, Z., Bandyopadhyay, S., Zhang, J., Ghalsasi, A.: Cloud computing - The Business Perspective. Decis. Support Syst. 51, 176-189 (2011).

[6] Mohammed Alhamad, "A Trust-Evaluation Metric for Cloud applications", International Journal of Machine Learning and Computing, Vol. 1, No. 4, 2011.

[7] Nezih Yigitbasi, "C-Meter: A Framework for Performance Analysis of Computing Clouds", IEEE/ACM International Symposium on Cluster Computing and the Grid, 2009.

[8] Borko Furht e Armando Escalante, "Handbook of Cloud Computing", Springer, 2010.

[9] Abah Joshua & Francisca N. Ogwueleka, "Cloud Computing with Related Enabling Technologies," International Journal of Cloud Computing and Services Science (IJ-CLOSER), Vol.2, No.1, pp. 40~49, 2013.

[10] Grupo de Trabalho Consultivo do NIST, "NIST Cloud Computing Standards Roadmap", Publicação Especial do NIST, 2011.

[11] Peter Mell e Timothy Grance, "The NIST Definition of Cloud Computing", Publicação Especial do NIST, 2011.

[12] M. Malathi, "Conceitos de computação em nuvem", IEEE, 2011.

[13] L. Gonzalez, L. Merino, J. Caceres e M. Lindner, "A Break in the Clouds: Towards a Cloud Definition", Computer Communication Review, 39(1), 2009.

[14] D. Plummer, T. Bittman, T. Austin, D. Cearley e D. Smith, "Cloud computing: Defining and describing an emerging phenomenon", relatório técnico, Gartner, 2008.

[15] J. Staten, S. Yates, F. Gillett, W. Saleh e R. Dines, "Is cloud computing ready for the enterprise?", relatório técnico, Forrester Research, março de 2008.

[16] P. Mell e T. Grance, "Definition of cloud computing", relatório técnico, National Institute of Standard and Technology (NIST), julho de 2009.

[17] M. Armbrust, A. Fox, R. Griffith, A. D. Joseph, R. Katz, A. Konwinski, G. Lee, D. Patterson, A. Rabkin, I. Stoica, e M. Zaharia, "A view of cloud computing," Commun. ACM, 53:50-58, abril de 2010.

[18] D. Agrawal, A. El Abbadi, F. Emekci, e A. Metwally, "Gestão de bases de dados como um serviço: Challenges and Opportunities," In ICDE, 1709-1716, 2009.

[19] http://www.appcore.com/types-cloud-computing-private-public-hybridclouds/

[20] Minqi Zhou; Rong Zhang; Dadan Zeng; Weining Qian, "Serviços na era da computação em nuvem: A survey", 4.º Simpósio Internacional de Comunicação Universal (IUCS), pp.40-46, 2010

[21]. "Cloud Computing - Questões de investigação, desafios, arquitetura, plataformas e aplicações: A Survey" por Santosh Kumar e R. H. Goudar, International Journal of Future Computer and Communication, Vol. 1, No. 4, December 2012, 356-360 ISSN: 20103751, DOI: 10.7763/IJFCC.2012.V1.95.

[22]. "Computação em nuvem: A Study of the Cloud Computing Services" por Tajinder Kaur, Revista Internacional de Investigação em Ciências Aplicadas e Tecnologia de Engenharia (IJRASET), Volume 7 Edição VI, junho de 2019, ISSN: 2321- 9653.

[23]. "Cloud Computing: A Survey" por L. Arockiam, S. Monikandan e G. Parthasarathy, International Journal of Computer and Communication Technology: Vol. 8 : Edição 1 , Artigo 4, DOI: 10.47893/IJCCT.2017.1393.

[24]. "A Review Paper on Cloud Computing" por Priyanshu Srivastava e Rizwan Khan, International Journals of Advanced Research in Computer Science and Software Engineering ISSN: 2277-128X (Volume-8, Issue-6), junho de 2018,

DOI:10.23956/ijarcsse.v8i6.711.

[25]. "A Study of Cloud Computing" por Rafiqul Zaman Khan e Md Firoj ALi, International Research Journal of Computer Science (IRJCS), Issue 5, Volume 2 (maio de 2015), ISSN: 2393-9842.

[26]. "RESEARCH PAPER ON CLOUD COMPUTING" por Ashwini Sheth, Sachin Bhosale e Harshad Kadam, CONTEMPORARY RESEARCH IN INDIA (ISSN 2231-2137): NÚMERO ESPECIAL: ABRIL DE 2021, ISSN 2231-2137.

[27]. "Cloud Computing: A Survey on Cloud Computing" por Rydhm Beri e Veerawali Behal, International Journal of Computer Applications , Volume 111 - No 16, fevereiro de 2015, ISBN: 0975-8887, DOI:10.5120/19622-1385.

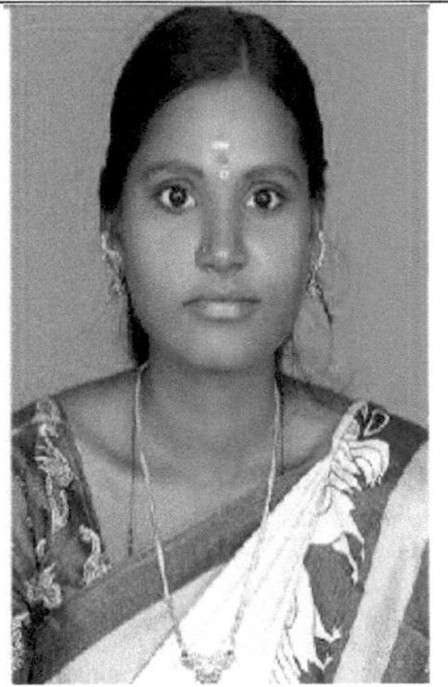

K. Deepa trabalha como Professora Assistente no departamento de Informática e Engenharia na Study World College of Engineering, Coimbatore, Tamil Nadu, Índia. Tem seis anos de experiência docente e industrial. Obteve o seu Diploma em Engenharia Informática no Government Polytechnic College for Women, Coimbatore, em 2015. Obteve o seu B.E. em CSE no Instituto de Tecnologia Tejaa Shakthi para Mulheres, Coimbatore, em 2018 e o seu M.E. em Ciência e Engenharia Informática no Tamilnadu College of Engineering, Coimbatore, em 2023. Publicou cerca de 20 artigos que foram apresentados ou publicados em revistas e conferências nacionais e internacionais. Além disso, contribuiu também com um capítulo de livro. Participa também em vários workshops, seminários, conferências, programas de desenvolvimento do corpo docente e cursos em linha. As suas áreas de interesse são Criptografia e Cibersegurança, Inteligência Artificial e Aprendizagem Automática, Linguagem de Programação Principal, Computação em Nuvem, Computação Suave, Estruturas de Dados.

Recebeu o seu B.E Computer Science and Engineering da Madurai Kamaraj University em 2004 e o seu M.E Computer Science and Engineering da Anna University, Thiruchirapalli em 2010. Atualmente, está a realizar o seu doutoramento na Universidade de Anna, Chennai, na área do processamento de imagens médicas. Tem mais de 17 anos de experiência de ensino em engenharia.
Publicou mais de 50 artigos em várias conferências nacionais e internacionais. Publicou mais trabalhos de investigação em várias revistas SCI/ Scopus/ WoS com elevado fator de impacto. Só neste ano académico, até agora, publicou 4 trabalhos de investigação em revistas internacionais SCI. Recentemente, em abril de 2024, publicou

	um livro com o título "Understanding Machine learning systems". As suas áreas de interesse são Processamento de Imagens Médicas, Aprendizagem Automática e Aprendizagem Profunda
	O Dr. S.Kannadhasan trabalha como Professor Associado e HoD no departamento de Engenharia Eletrónica e de Comunicações da Study World College of Engineering, Coimbatore, Tamil Nadu, Índia. Concluiu o seu doutoramento no domínio das antenas inteligentes na Universidade de Anna em 2022. Tem treze anos de experiência de ensino e investigação. Obteve a sua licenciatura em ECE no Sethu Institute of Technology, Kariapatti, em 2009, e o seu mestrado em Sistemas de Comunicação no Velammal College of Engineering and Technology, Madurai, em 2013. Obteve o seu Mestrado em Gestão de Recursos Humanos na Universidade Aberta de Tamil Nadu, Chennai. Publicou cerca de 110 artigos em revistas internacionais de renome indexadas pela SCI, Scopus, Web of Science e Major Indexing, e mais de 250 artigos foram apresentados ou publicados em revistas e conferências nacionais e internacionais. Para além disso, contribuiu também com um capítulo de livro. É também membro da direção, revisor, orador, presidente de sessão e membro dos comités consultivos e técnicos de várias faculdades e conferências. Participa também em vários workshops, seminários, conferências, programas de desenvolvimento de professores, STTP e cursos em linha. As suas áreas de interesse são antenas inteligentes, processamento digital de sinais, comunicação sem fios, redes sem fios, sistemas incorporados, segurança de redes, comunicação ótica, antenas de micro-ondas, compatibilidade e interferência electromagnéticas, redes de sensores sem fios, processamento digital de imagens, comunicação por satélite, conceção de rádios cognitivos e técnicas de computação suave. É

	membro da SMIEEE, ACM, IET, ISTE, FIEI, FIETE, CSI, IAENG, SEEE, IEAE, INSC, IARDO, ISRPM, IACSIT, ICSES, SPG, SDIWC, IJSPR e da comunidade EAI.

Printed by Books on Demand GmbH, Norderstedt / Germany